河南乡村振兴探索

王得华　刘国强　著

河南大学出版社
HENAN UNIVERSITY PRESS

图书在版编目(CIP)数据

河南乡村振兴探索 / 王得华,刘国强著. -- 郑州 :河南大学出版社, 2022.1(2023.11 重印)

ISBN 978-7-5649-5003-3

Ⅰ. ①河… Ⅱ. ①王… ②刘… Ⅲ. ①农村－社会主义建设－研究－河南 Ⅳ. ①F327.61

中国版本图书馆CIP 数据核字(2022)第 018311 号

河南乡村振兴探索
HENAN XIANGCUN ZHENXING TANSUO

责任编辑 柳 涛
责任校对 陈晓林
封面设计 吉宏飞

出 版	河南大学出版社
	地址:郑州市郑东新区商务外环中华大厦 2401 号
	邮编:450046 电话:0371－86059701(营销部)
	网址:hupress.henu.edu.cn
排 版	河南圭川文化传播有限公司
印 刷	开封日报社印务中心
版 次	2022 年 1 月第 1 版 印 次 2023 年 11 月第 2 次印刷
开 本	710 mm × 1000 mm/16 印 张 11
字 数	200 千字 定 价 36.00 元

(本书如有印装质量问题,请与河南大学出版社营销部联系调换)

前　言

实施乡村振兴战略是党的十九大做出的重大决策部署，是新时代"三农"工作的总抓手。为贯彻落实党的十九大精神，响应中央农村工作会议提出的全面实施乡村振兴战略号召，进一步加强农村建设，发展农村产业，实现乡村振兴，实现农业强、农村美、农民富，实现乡村生态振兴，加强农村环境治理，改善人居环境，打造美丽宜居生活家园，我们做乡村振兴研究显得尤其重要。

当前社会主要矛盾已经转化为人民日益增长的美好生活需要和不平衡不充分发展之间的矛盾。尽管在一系列强农、富农、惠农政策的推动下，农村工作取得了令人振奋的成绩，但很多农村地区在基础设施、人居环境等方面仍然存在一定差距。乡村振兴战略的实施，有利于统筹城乡发展。该举措是继建设社会主义新农村之后对农村发展战略的再提升。乡村振兴战略不仅要求改革、巩固和完善农村基本经营制度、农村集体产权制度、农业支持保护制度等各项涉农经济制度，而且注重构建现代农业产业体系、生产体系、经营体系。促进农村一二三产业融合发展，可有效推动乡村发展、农民致富。

乡村振兴战略是习近平总书记在党的十九大报告中提出的。在十四五规划和2035年远景目标纲要中，"优先发展农业农村，全面推进乡村振兴"是一个重要组成部分，也是社会各界关注的重点话题。这意味着"三农"工作的重心将全面转向乡村振兴。

习近平总书记有一系列的论述和顶层设计，比如"强富美论"，中国要强，农业必须强；中国要美，农村必须美；中国要富，农民必须富。"三让"，让农业成为有奔头的产业，让农民成为有吸引力的职业，让乡村成为安居乐业的美丽家园。"三全"，农村全面发展，农业全面升级，农民全面发展。"两心"，让进城的农民工进得放心，让留在农村务农的农民留得安心。还有乡村振兴的"五大振兴""七条道路"，"看得见山，望得见水，记得住乡愁"，等等。

首先，2002年党的十六大正式确立三农问题，将三农问题作为全党工作的重中之重；其次，2017年党的十九大提出乡村振兴战略，同时这一年的中央农村工作会议提出了5级书记抓乡村振兴的工作方针。再次，就是近年疫情影响下的全球化挑战，更凸显出乡村振兴是应对这个百年未有之大变局的压舱石。

乡村振兴是未来整个社会最重要的任务，也是在全球化挑战下，练好内功、强化发展动力的重要工作。在今天，振兴乡村是安全的发展方式，同时也是巩固脱贫攻坚最好的方式，所以，不论是观念上还是行动上，未来的工作都不能忽视乡村振兴。河南是农业大省，在乡村振兴方面有义不容辞的责任和义务，每年的夏收和秋收，全国乃至全球都在关注着我们的收成情况。乡村振兴是应对全球化挑战的压舱石。

现在中国进入工业化的中期阶段，在21世纪的第一个十年，中国工业产品的总量就已经是世界第一了，所以要工业反哺农业，城市反哺农村，这就是农村发展成为国家重中之重的由来。

从这个过程看，进入1949年新中国建立以来的乡村建设不是停止了，而是被国家承担了。

新时期又开始重新强调推进乡村建设行动，一方面是中国已经进入工业化一个新的阶段，不用再从农业提取积累了，还有更为重要的一方面：最近中央文件一再强调的去发展乡村，向乡村倾斜性投入各种各样的政策和优惠。这是应对全球化挑战的压舱石，练好内功，夯实基础，以国内大循环为主体的双循环战略，这个战略的基础是什么？乡村振兴。

乡村振兴要以人为本。讲乡村建设行动的时候，有很多值得借鉴的百年乡村建设的经验，其中最值得关注的是以人为本。即把人的因素调动起来，把农民的积极性调动起来，让农民成为乡村建设行动的受益者，农民才能成为参与的主体。

乡村的社会组织应该转型为社会企业。我们强调农村应该形成更多的组织。因为农村中的村社聚落往往是与资源、环境条件紧密结合的，农村资源的产权边界往往是和村域的地缘边界重合的。要进一步提高农民的组织化程度，让农民成为生态资源价值化的微观主体。村级的集体经济组织如变成社会企业，社会组织也应该转型为社会企业，与村级的组织化程度提高相结合，把生态资源、环境，在空间正义的理念之下，完成生态资源价值化的实现形式，以使整个国家在金融资本全球化不断形成的巨大危机的打击之下，能够以乡村振兴来作为压舱石。利用压舱石来练好内功，夯实基础，这样社会组织的工作才能跟国家以打造压舱石的战略应对全球化挑战部署紧密结合在一起，实现可持续。

乡村振兴需激活数百万亿元生态资源价值。乡村振兴战略作为国家战略已经被提到党和政府工作的重要议事日程，但在实施乡村振兴战略之时，我们始终都要明晰：中国社会从来都是一个乡土社会，而乡土文化则是中国文化的本源，任何背离这一本源的作为都是无根之木。无论是招商引资，像城市那样发展工业，还是学习西方发展所谓大规模农业，这些方面几乎看不到成功的先例，但失败的事例却多如牛毛。所以，我们必须走出新路，把沉默于乡村的数以百万亿的生态资产价值激活出来，变成中国经济未来的增长动力和保障，变成中国国内大循环的基本保障。实践表明，只有通过生态产业化和产业生态化，实现生态资本深化，才能同时实现生态资源价值化。沿着这样一个逻辑，我们才可以把生态文明战略的经济内涵体现出来。

乡村振兴要重视在地化知识。乡村振兴一定要文化振兴，关键是要把在地化知识变成乡土教育。没有把乡土文化、在地知识开掘出来，就做不了农文旅。因为内涵不对，要把地域文化变成餐饮业的内涵，搞清楚要售卖的餐饮文化。"如果真的想文化振兴乡村，一定先深入调查研究什么是乡土文化。文化振兴乡村要重视在地文化。"乡土文化绵延万年，至今仍然是中华民族5000年文明不中断的主要基础。乡土文化表面看起来是多种模式，但其实内涵是一致的，目前很多地方搞的农家乐、民宿、农文旅结合项目、乡村文创已经过剩了。

乡村振兴不能只让农民种地。为什么不能只让农民种地？民以食为天，农业发展仍是一个国家发展的重要基础，而时代走到今天，农业更趋于以现代化方式发展，以现代科学技术作为发展的动力。

乡村振兴要发展社会化农业。社会化农业是农业生产要素的配置提供、日常的经营管理、前提的规划设计、产品价值的实现，应该有多方力量共同参与，优势互补，弥补个体经营的局限性或不足，增强、优化农业发展的条件，拓展农业的潜力与功能，包括为农业生产提供更稳定的保障，共担农业发展的成本与风险，共享收益与价值。社会化农业可概括为农业生产的产前、产中、产后各个环节的活动，包括其产业链的延长与附加值的扩展都需要社会的广泛参与。在发展社会化农业的过程中，需要合理健全的制度设计、稳定和谐的社会环境，同时需要市民下乡参与，共同推进生态文明时代的社会化农业的发展。社会化农业，不仅意味着人与自然复合的生态系统全面修复，也体现着构建城乡融合的共享经济的新领域，同时有利于形成多元社会群体互动的良性治理体系。乡村振兴需要复兴乡土多样性文化。越把乡村搞成千篇一律，就越没有被中产阶层消费的可能。恰恰是当前社会结构的变化，造成新兴中产阶层引领绿色消费潮流。这是农业绿色转型面对的客观需求。

乡村振兴要允许城乡自由流动。凭什么只有农村出来的人才应该回去，凭什么只有农村的人才应该种地？这其实是定式论。农村空心化，没有年轻人，某种程度上是人为造成的。

乡村振兴需要正面的、系统的建设体系。我们的乡村振兴出现在这个节点上，跟世界上其他任何国家和地区的乡村振兴都不一样，很多人喜欢拿国外的做借鉴，实际上只能是邯郸学步。有借鉴的都是小术，大道根本在中国。

乡村振兴是百年大变局的具体表现。只有乡村振兴才能全民富裕，才能更进一步增强国际竞争力。在乡村振兴领域存在大量的机会，乡村能够提供健康的蔬菜肉蛋奶、香甜的水空气和清幽的环境，能够提供大把的就业市场，还能守护我们的区域文化，给我们的区域文化一个盛放的空间和载体。

当前的乡村产品和服务并不能满足我们日益增长的美好生活的需求。把握好填补乡村产业和市场空白的最好机会，可以用几年时间来打造更多优质的乡村目的地。

从十九大乡村振兴战略的提出到现在，乡村振兴已经三年了，在此期间我们的乡村同时在经历着美丽乡村和脱贫攻坚，当前我们已经实现完全脱贫，我们完成了世界上最伟大的壮举。但在乡村振兴领域也弥漫着一些消极的声音，有些人对乡村振兴的认识以及在实现路径上，或多或少地走入认知偏差和实践偏差。城市和乡村就像这个国家的两条腿，有一条因为瘸得久了，所以大部分人都觉得这条腿是治不好了，于是就自暴自弃，把自以为是的消极当成了现实。对乡村振兴没信心这是不正常的也是不可取的。乡村振兴是国家战略，是完全脱贫的巩固，是美丽乡村的延续，是美好生活的必备，是"绿水青山就是金山银山"最坚实的写照，是走向全民富裕走向农业农村现代化的必然之路。

乡村振兴是方向问题。

前　言

从国际看，"大疫"即是大战，虽然大战尚未完全结束，但是所有中国人都应该明白我们中国人民胜利了。同时要结束作为世界代工厂的时代，我们要科技自主、农业自主、医疗自主、教育自主，而且要做科技强国、农业强国、医疗强国、教育强国。我们要构建与世界和平良性发展，以"一带一路"、亚投行等，实现人类命运共同体多赢发展，为此国家布局七大战略（科教兴国战略、人才强国战略、创新驱动发展战略、乡村振兴战略、区域协调发展战略、可持续发展战略、军民融合发展战略）、供给侧改革、"双循环"等支撑体系，迎来崭新的发展机遇。

从国内看，是一如既往地走城镇化之路，还是要两条腿走路进行抉择，很明显是要两条腿走路。乡村在过去40年全力支持城镇化建设，为城市输送了大量的人才、劳动力和商品等，换来了城市的繁荣。当前是要换思路了，换新发展理念了，乡村振兴是七大战略、供给侧改革、"双循环"的重要内容，也是建立需求侧的重要内容。城市和乡村之间的双向流通打通，城市为乡村提供人才、技术、服务和市场，乡村能够保障粮食安全，能够坚守住抗疫的最后一公里，能够为14亿中国人提供健康的蔬菜肉蛋奶、香甜的水空气和清幽的环境，乡村不仅仅是服务乡村和乡村人本身，更要与城市和城市人相互融合，走乡村振兴之路，走城乡融合之路，走可持续发展之路，走生态文明之路，走共同富裕之路。

要一张蓝图绘到底，要凝聚更多的乡村振兴派，要把培养带头人当成县乡的头号工程来抓，要带着农民干，做给农民看，帮着农民建，领着农民赚。

相信每个人都会跃跃欲试，关键是大家都要定好自己的位，做好自己的事。乡村振兴开启的不只是乡村振兴本身，更重要的是它在重启我们的文化建设，重启修复国之四维礼义廉耻。乡村振兴开启的不只是发展乡村，更重要的是它将结束房地产为主体的城市空间活力场，开启两条腿健康走路的新时代，它将重新定义生产关系，塑造消费结构，重建以绿色生态服务健康为主体的新型空间活力场。乡村振兴开启的不只是服务乡村，更重要的是同时服务广大城市人群，借乡村振兴的东风，由乡村提供健康的生活环境，美味的食品和和谐的社会价值观。乡村振兴唤醒了一大批由乡村走出去的人，乡村振兴这条路才刚刚启航，我们更要拭目以待。

王得华

2022.1

目 录

第一章 河南省农业竞争力评估及比较研究
　一、绪论 ……………………………………………………… 3
　二、河南省各地市农业竞争力评价指标体系构建 ………… 14
　三、河南省各地市农业竞争力的因子分析 ………………… 29
　四、河南省各地市农业竞争力的聚类分析 ………………… 52
　五、结论与建议 ……………………………………………… 57

第二章 河南乡村振兴实体现状及提振对策
　一、河南省农业发展进程中的企业主体进入机制研究 …… 65
　二、河南省完善农业经营体系问题研究 …………………… 69
　三、河南省都市农业的发展问题与对策研究 ……………… 73

第三章 农产品流通现状及对策研究
　一、绪论 ……………………………………………………… 81
　二、农产品流通体系现状及存在的主要问题 ……………… 90
　三、农产品流通成本分析 …………………………………… 102
　四、国外农产品流通的主要经验与启示 …………………… 107
　五、农产品流通体系优化对策 ……………………………… 112
　六、农产品流通成本降低的路径选择 ……………………… 123
　七、结论 ……………………………………………………… 127

第四章　河南以农业机械化走向农业现代化
　　一、建设中原经济区以农业机械化带动农业现代化 ………… 131
　　二、多措并举发展农机现代化加快推进都市区农业发展方式转变
　　　　………………………………………………………………… 137
　　三、用农业机械化助力航空港经济综合实验区 ……………… 139

第五章　美丽河南建设中的文化思考与人居环境探索
　　一、美丽河南建设中的文化思考 ……………………………… 149
　　二、充分发挥文化在美丽河南建设中的作用 ………………… 152
　　三、美丽河南建设中的人居环境面临的严峻形势 …………… 154
　　四、新时期建设美丽河南的主要任务 ………………………… 156
　　五、新时期建设美丽河南所要采取的政策措施 ……………… 159

第一章 河南省农业竞争力评估及比较研究

一、绪论

（一）研究背景

民以食为天，农业是人类生存和发展的根基，农业在国民经济中的基础地位不可动摇。"谁控制了粮食，谁就控制了世界上所有的人"，粮食俨然已经成为安天下、稳民心的重要战略物资，关乎国家安全。随着世界人口增加和发展中国家人民生活水平的提高，粮食需求刚性增长，而粮食供给制约性因素凸显，粮食危机一度成为重大国际问题。处在城镇化、工业化加速推进，粮食供需不平衡背景下的中国，粮食等关系国计民生的重要农产品供给问题不容小觑。

河南省作为我国中西部地区农业大省、人口大省和经济大省，在国家发展战略中占有重要地位。2011年9月28日，国务院发布《国务院关于支持河南省加快建设中原经济区的指导意见》，指导意见中明确指出："积极探索不以牺牲农业和粮食、生态和环境为代价的'三化'协调发展的路子，是中原经济区建设的核心任务。"凸显了中原经济区，特别是河南省农业发展和粮食生产在国家战略中的重要地位，河南将为全国同类地区发展起到典型示范作用。把河南建设成为国家重要的粮食生产和现代农业基地，是当前和今后一个时期河南农业和农村经济发展的行动纲领和发展指南。

1.河南农业对国民经济发展的贡献

自古以来，中原大地"沃野千里、物阜民丰"，从夏朝到北宋3000多年间，河南一直是我国政治、经济和文化的中心，也是中国农耕文化的一个重要发源地，创造了源远流长的农耕文明。农业始终是河南经济社会发展的基础。农业为工业化进程快速发展作出巨大贡献。

一是农产品贡献。河南省是全国重要的优质农产品生产基地，粮食、油料、蔬菜、果品、畜产业和水产品长期在我国农产品供给中占有重要的地位，不仅实现自给，而且是我国农副产品重要的供应基地。河南素有"中原粮仓"的美誉，用全国1/16的耕地生产了全国1/4的小麦、1/10的粮食，从2004年至2012年实现了粮食产量九连增，正承担起越来越重要的国家粮食安全重任。"湖广熟，天下足"，曾记录中国千百年来"南粮北调"的历史；今天已演变为"北粮南运"，"中原熟，天下足"，河南成为6个粮食调出省之一。2012年，河南省粮食产量5638.60万吨，比1978年增加近3600万吨，油料产量569.51万吨，猪牛羊禽肉总产量659.9万吨，禽蛋产量404.2万吨，牛奶产量316.1万吨，棉花产量25.69万吨。其中，肉类、禽蛋和奶类产量快速增长，最近几年棉花产量有所下降（表1-1）。

表1-1 河南省主要农产品产量 （单位：万吨）

年份	2009	2010	2011	2012	2013	2014	2015	2016	2017	2018
粮食	5389.00	5437.00	5542.50	5638.60	6023.80	6133.60	6070.22	6498.01	6524.25	6648.91
棉花	51.75	44.72	38.24	25.69	11.68	8.44	6.77	4.88	4.40	3.79
油料	532.98	540.72	532.36	569.51	542.13	531.41	599.74	549.82	586.95	631.03
肉类	615.10	638.40	641.65	659.9						
禽蛋	382.90	388.60	390.50	404.2						
水产品	92.94	99.41	102.90	——						

资料来源：河南省统计局《2019河南统计年鉴》

二是要素贡献。农业对于河南工业化进程的要素贡献，是指农业部门的劳动力、资本和土地等生产要素转移到非农产业部门，从而推动非农产业部门的发展。首先，为国民经济其他部门提供劳动力，是农业最重要的要素贡献。2009年以来，随着人口总量的增大，河南省农村劳动力转移就业人口一直处于稳步增长的水平（图1-1）。而农业生产经营人员则逐年下降，从2006年的4117万人，下滑至2016年的3251.49万人。生产效率的不断提高，农业剩余劳动力不断增多，为非农产业部门的扩张提供了源源不断的劳动力。其次，一般情况下，农业经营的资本收益率低于非农产业，经营农业的收入往往流向能够获得更大收益的非农部门。最后，河南农业也为工业化和城市化提供了必需的土地资源作为基础设施建设以及生产活动的场所。

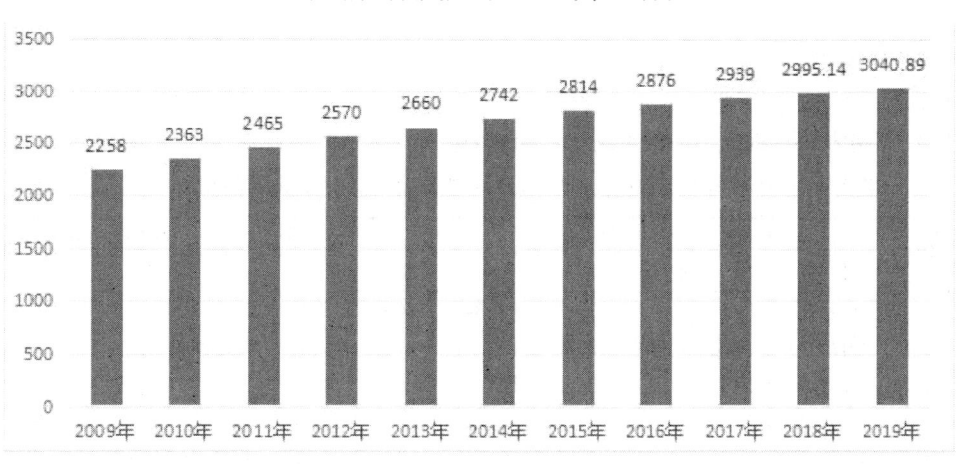

图1-1　2009年以来河南省农村劳动力转移就业人员数量变化

2.河南农业产业结构特征

农业在国民经济中的比重变化。河南省农业增加值从2008年的2575.82亿元增加至2018年的4289.38亿元；农业占地区国内生产总值比重一直下降，已从14.26%下降至8.93%（表1-2）。

农林牧渔结构。表1-3显示的是2010至2018年河南省农林牧渔业增加值占农业总增加值的比重变化。数据显示，近十年来，河南省农林牧渔业增加值绝对数均呈上升趋势，种植业增加值占农业总增加值的比重一直在60%左右,并且最近几年均达到或超过了60%,而林业、畜牧业增加值占农业总增加值的比重总体呈下降趋势,渔业增加值占农业总增加值的比重经历了一个短暂的上升过程后最近几年比较稳定。

表1-2 河南地区2008~2018年农业增加值概况(单位:亿元)

年份	河南地区生产总值	农业增加值	农业占地区国内生产总值比重
2008年	18068.47	2575.82	14.26%
2009年	19547.60	2665.66	13.64%
2010年	23157.64	3127.14	13.50%
2011年	27007.46	3349.25	12.40%
2012年	29681.79	3577.15	12.05%
2013年	32278.04	3827.20	11.86%
2014年	35026.99	3988.22	11.39%
2015年	37084.20	4015.56	10.83%
2016年	40249.23	4063.65	10.10%
2017年	44552.83	4139.29	9.29%
2018年	48055.86	4289.38	8.93%

资料来源:根据《河南省统计年鉴2019》计算

表1-3 2010~2018农林牧渔增加值结构变化 (%:占农业总增加值比重)

年份	农业		林业		牧业		渔业		农林牧渔服务业	
	亿元	%	亿元	%	亿元	%	亿元	%	亿元	%
2010	2053.47	64.31	69.49	2.18	958.84	30.03	45.34	1.42	65.68	2.06
2011	2074.29	60.63	76.50	2.24	1153.18	33.71	45.29	1.32	71.84	2.10
2012	2270.35	62.13	84.93	2.32	1168.97	31.99	52.90	1.45	77.05	2.11
2013	2401.96	61.38	91.86	2.35	1277.03	32.63	56.35	1.44	86.27	2.20
2014	2558.88	62.57	91.89	2.25	1275.14	31.18	62.32	1.52	101.66	2.49
2015	2625.48	63.20	84.40	2.03	1233.56	29.69	72.12	1.74	138.85	3.34
2016	2606.00	61.79	79.11	1.88	1305.65	30.96	72.89	1.73	153.75	3.65
2017	2665.72	61.84	84.39	1.96	1316.03	30.53	73.14	1.70	171.26	3.97
2018	2917.70	64.83	74.37	1.65	1237.93	27.51	80.45	1.79	190.08	4.22

资料来源:根据《河南省统计年鉴2019》计算

种植业内部结构。表1-4反映了2012~2018年来河南种植业结构变化情况。近几年来,河南粮食播种面积在总播种面积中的比重呈持续上升趋势,而油料作物播种面积在总播种面积中的比重略有上升,蔬菜播种面积在总播种面积中的比例基本保持稳定,而棉花播种面积在总播种面积中的比例则呈持续下降趋势。

表1-4 2012~2018种植业结构变化 (%：占总播种面积比重)

年份	粮食		油料		棉花		蔬菜及食用菌	
	千公顷	%	千公顷	%	千公顷	%	千公顷	%
2012	10434.56	72.5	1378.05	9.6	169.40	1.2	1676.77	11.7
2013	10697.43	73.3	1361.87	9.3	114.96	0.8	1682.96	11.5
2014	10944.97	74.3	1339.01	9.1	88.11	0.6	1654.84	11.2
2015	11126.30	74.8	1311.84	8.8	64.34	0.4	1671.03	11.2
2016	11219.55	75.3	1302.35	8.7	50.03	0.4	1682.12	11.3
2017	10915.13	74.1	1397.49	9.5	40.00	0.3	1736.14	11.8
2018	10906.08	73.8	1461.40	9.9	36.68	0.2	1721.09	11.7

资料来源：根据《河南省统计年鉴2019》计算

粮食种植结构。近几年来，伴随着河南粮食总产量实现九年连续增长，河南主要粮食作物小麦、玉米的播种面积绝对数逐年增加，但从占粮食作物播种面积比重来看，小麦所占比重呈逐年下降趋势，玉米所占比重呈逐年上升趋势，小麦、玉米播种面积占粮食作物播种总面积的85%左右。稻谷播种面积及比重逐年略有小幅增加，而豆类播种面积及比重基本呈下降之势如表1-5。

表1-5 2012~2018主要粮食作物种植结构变化 (%：占粮食作物播种总面积比重)

年份	稻谷		小麦		玉米		豆类	
	千公顷	%	千公顷	%	千公顷	%	千公顷	%
2012	621.77	6.0	5468.80	52.4	3564.70	34.2	487.79	4.7
2013	610.97	5.7	5517.98	51.6	3823.60	35.7	460.80	4.3
2014	614.65	5.6	5581.24	51.0	4009.42	36.6	413.25	3.8
2015	616.35	5.5	5623.14	50.5	4189.91	37.7	370.35	3.3
2016	614.09	5.5	5704.91	50.8	4210.46	37.5	366.40	3.3
2017	615.03	5.6	5714.64	52.4	3998.94	36.6	389.85	3.6
2018	620.41	5.7	5739.85	52.6	3918.96	35.9	424.00	3.9

资料来源：根据《河南省统计年鉴2019》计算

3.河南农业发展基本产业格局

目前河南农业进入新的发展阶段。2019年，河南省完成农、林、牧、渔、及其副业增加值4937.62亿元，其中，农业3117.03亿元、林业105.54亿元、牧业 1406.88 亿元、渔业 88.51 亿元、农林牧渔服务业 219.66 亿元。

第一，农业综合生产能力持续增强。2018 年，河南粮食、肉类、蔬菜、禽蛋、牛奶、水产品产量全面增加；棉花、油料生产基本保持稳定，年末大牲畜和生猪存栏分别达到 377.01 万头、4337.15 万头；生猪出栏 6402.38 万头。这表明河南粮食综合生产能力仍然在不断提高。

第二，农业结构进一步优化。2019 年，我国粮食总产量 1339.08 亿元，连续三年超过 1300 亿斤，增长 0.7%。全年禽蛋产量 442.4 万吨，增长 7.0%；牛奶产量 204.1 万吨，增长 0.7%；猪牛羊禽肉产量 554。0 万吨，同比下降 16.4%；其中禽肉、牛肉、羊肉产量分别为 145.2 万吨、36.2 万吨和 28.1 万吨，分别增长 19.1%、4.1% 和 4.5%，猪肉产量 344.4 万吨，下降 28.1%。

第三，农业物质技术装备明显改善。2016 年底，河南省耕地有效灌溉面积增至 7866 万亩，节水灌溉面积为 2700 万亩，高效节水灌溉（主要为低压管灌、喷灌、微灌）面积为 1968 万亩，农业灌溉水有效利用系数达到 0.604（目前全国灌溉水有效利用系数均值为 0.542）。按照河南省的规划，到 2020 年底，农业灌溉水有效利用系数将提高到 0.616，高效节水灌溉面积占有效灌溉面积的比重达 30% 以上，节水增产、节水增效作用将更加显著。

第四，农业产业化经营快速发展。农产品加工企业发展迅速。截至 2018 年底，河南省规模以上农产品加工企业 7250 家，营业收入占全省规模以上工业企业营业收入的 26%；从业人员达到 155 万人，增加值同比增长 5.7%，利润总额占全部规模以上工业利润总额的 35.3%；税金总额同比增长 9.5%，占规模以上工业企业税金总额的 36.1%。全省规模以上农产品加工业总体运行稳定，保持了平稳健康的发展态势。

第五，农业社会化服务体系初步建立。河南省启动实施了基层农技推广区域综合站、科技进村服务站建设，持续开展了"阳光培训"工程，建立了市县两级农村土地流转交易中心，全面实施乡镇流转服务站建设和村级农村信息员选聘，初步形成了市、县、乡、村四级农村土地经营权流转交易体系。农民专业合作经济组织健康发展，基本形成"四位一体"的为农服务科学发展模式。农产品质量安全检测体系逐步完善，建成了18个省辖市和122个县(市、区)的农产品质检中心，在198个主要农产品批发市场和无公害农产品产地建立了检测机构，初步形成了"三级四层"(省、市、县三级，省、市、县、基地四层)的农产品质量安全检测体系。农业信息服务能力增强，建成了18个省辖市和133个农业县（市、区）的信息网站及1686个乡镇农业信息服务站，覆盖省、省辖市、县（市、区）、乡镇、村、户的农业信息化服务网络已经初具规模。搞活农产品流通，农产品市场建设成效显著，全省农产品批发市场已发展到281个。

4.河南各地市农业发展模式存在差异

河南省各地市由于自然资源禀赋不同、区位条件不同、农业发展历史不同，农业发展呈现出模式多样化的特点。如表1-6所示。

表1-6 河南省各地市2018年农业增加值数据表

省辖市	农林牧渔业	农 业	林 业	牧 业	渔 业	农林牧渔服务业
郑州市	152.37	98.28	3.17	37.78	7.82	5.32
开封市	284.06	182.42	4.01	83.39	3.38	10.86
洛阳市	260.37	163.24	15.10	54.89	3.84	23.31
平顶山市	167.67	82.50	7.13	67.95	3.12	6.97
安阳市	204.90	147.51	1.55	45.32	0.72	9.80
鹤壁市	63.37	23.44	0.58	35.20	0.82	3.32
新乡市	231.80	145.23	2.99	73.91	4.16	5.51
焦作市	140.51	91.25	5.17	37.93	0.57	5.60
濮阳市	177.46	100.34	4.14	57.74	1.70	13.54
许昌市	155.64	99.45	5.97	42.23	0.73	7.25
漯河市	113.30	62.08	0.91	47.17	0.82	2.31
三门峡市	120.15	100.05	2.70	14.88	1.46	1.05
南阳市	534.32	362.24	11.32	142.85	7.62	10.30
商丘市	392.08	286.07	4.39	85.84	5.54	10.24
信阳市	476.10	305.87	17.27	99.04	24.09	29.82
周口市	478.67	300.98	6.17	138.16	3.65	29.70
驻马店市	432.56	230.72	3.29	169.11	9.46	19.99
济源市	19.28	7.53	1.04	8.59	1.71	0.41

豫北地区农业高速发展由来已久，豫南黄淮地区农业规模庞大，豫西山区传统农业发展不足但农副业发展较为充分。

（二）研究意义

本文对河南省各地市农业发展的竞争力进行了相关研究。

（1）对现有的农业竞争力的相关研究理论进行进一步的补充和深化。采用了聚类分析和因子分析的计量经济学方法，对农业竞争力指标体系进行了系统的论述。

（2）准确的掌握各个地市自身农业竞争力水平和这方面的优势和劣势，归纳各地市农业发展的不同特征能够对症下药，发现各地市农业发展的不同问题。本论文通过相关的实证研究，测评了河南各地市的农业发展竞争力。根据测评的结果，进行分析，对各个地市农业竞争力的培养提出相关的建议，为各地市制定相应的农业发展战略提供相关的理论依据。

（三）研究现状

1.国外农业竞争力研究现状

国外对农业竞争力的研究主要分为两大部分，一部分是针对发展中国家农业比较落后的情况所作的研究，研究重点集中在如何增强农业基础设施和提高技术水平来促进农业增长，以及分析提高某些农产品的市场竞争能力。另一部分是针对以美国为代表的农业发达国家所作的研究，研究重点集中在农业的相关产业发展和农业发展的政策环境、生态环境、人文因素等宏观层面。

（1）相关因素对农业竞争力的影响。K.Happe&A.Balmann 提出增加直接的农业补贴对畜牧业竞争力有重要和长期的影响；K.Grier&L.Martin 通过对水资源质量的评估，指出由于水资源的卫生状况，对安大略湖地区的畜牧业及其农产品的市场竞争力的直接影响；VUvarovsky&PVoigt 利用俄罗斯 75 个行政区域在 1993~1998 年期间的样本数据，验证了技术效率的变化对区域农业增长的影响，提出技术进步通过作用于全要素生产率有利于区域农业竞争力增强；S.D.Hutchinson&M.R.Langham 利用 Malmquist 指数也提出技术变化和效率变化对环加勒比海国家的农业国际竞争力的重要性；L.R.Malcubat 指出由于世界环境问题在农业发展中的角色日益重要，发达国家尤其是美国应通过长期的产业战略计划来提高农业产业未来持续的竞争力；D.Jasiko 等人研究了拉脱维亚食品加工业的发展对农业产业竞争力的影响；B.D.egemann 研究了农业生物技术的发展对提高农产品市场竞争力的影响。

（2）对各国的农业国际竞争力进行评价和比较分析。这方面的研究主要是运用计量方法，对各国农业(主要是农产品)进行评价，找出各国农业和农产品生产的优势所在。L.Lohr 通过美国和欧洲柑橘国际市场竞争力的比较，认为美国柑橘产业竞争力落后于欧洲，是因为欧洲政府通过"绿箱政策"对柑橘生产的大量直接财政支付和补贴，美国要提高柑橘产业竞争力必须加强柑橘的贸易保护政策。D.Leishman 和 D.J.Menkhaus&G.D.Whippie 利用世界六个主要羊毛出口国家的农产品贸易样本研究其相对比较优势；K.Frohbery&M.Hartmann 研究了欧洲东部和中部国家农产品在国内以及欧盟市场的竞争力，并指出竞争力的研究可以在企业、产业(行业)和整个经济层面上进行，并分析了如何提高农业竞争力使各国加入欧盟的进程加快。

（3）对提高农业国际竞争力的对策研究。Gopinath&Kennedy 的研究表明，农业生产要素的积累与要素生产率的提高是提高农业竞争力的重要方面；Kalaitandonakes 认为农业生物技术的使用将是提高未来农业国际竞争力的关键；PJ.Barry 利用计量模型分析了农业产业化对农户、农业商业企业、农业加工企业的影响，以及它们之间的相互作用对农业竞争力的影响；J.M.Antle&S.M.Capalbo 的研究指出，面对经济发展对农业资源需求的增长，提供土地、水等自然资源的服务竞争加剧，从可持续发展的角度，提出应将农业生产系统视为一个有管理的生态经济系统，重视自然资源的非交易性，并以此作为制定农业政策的基础和依据；D.G.Johnson 通过对北美粮食生产比较优势的分析，指出先进的农业基础设施、有效的农户管理机制以及政府价格政策的稳定是形成北美粮食竞争优势最重要的几个原因。

2.国内对农业竞争力研究的进展与结论

国内比较系统地对中国农业竞争力问题进行研究的文献较少，但从某些侧面的研究并不鲜见。

钟甫宁教授早在 20 世纪 90 年代初就对我国的粮食、棉花等大宗农产品的地区比较优势进行了研究，指出中国的农产品尤其是大宗农产品按地区比较优势进行生产有利于提高农产品的国际竞争力。陈武博士 1996 年利用比较优势理论对中国农业的发展进行了系统的研究，通过对农民收入增长的分析指出：农民收入增长在农业领域越来越取决于经济作物而不是粮食作物，在农村领域越来越取决于非农产业而不是农业。1997 年，安晓宁博士对农业比较优势进行了专题研究。他从中国不同时期粮食生产地区格局的变化中分析得出，中国农业历史上的"南粮北调"已经被"北粮南调"所代替，东部沿海地区粮食自给能力下降、粮食消费量激增，作为基础产业的农业越来越依靠中西部地区的支撑。相反，中西部地区的非农产业，特别是加工工业的发展越来越依靠东部沿海地区，从区域经济的角度考察，这是不同区域农业比较优势发生变化的结果。

2001 年，严瑞珍、程漱兰教授在《经济全球化与中国粮食问题》一书中，运用比较优势理论对中国农业结构调整和中国粮食的竞争力问题进行了深入的研究。分析了粮食生产的经济性与中国农村经济困境的关系，认为在我国现存的农业生产资源制约下，粮食生产存在内在的不经济性。由于粮食在我国是一种缺乏比较优势的产品，农民的增收则主要依靠调整和优化农村、农业产业结构来实现。而评价一种产业结构是否合理的标准就是：这种产业是否能够发挥资源比较优势，符合资源禀赋特点和社会需求结构。

中国加入 WTO 以后，农产品竞争力成为理论界的热门话题，相关的研究主要集中在三个方面：第一个方面，中国农产品在国际市场上的竞争力（或比较优势）评价。包括对中国主要农产品比较优势的定量评估（严瑞珍、程漱兰 2001，程国强 2000，钟甫宁 2000），中国农产品生产成本的国际比较（黄季焜、马恒运 2001，唐华俊、李建平 2002），中国农产品国际竞争力的长期变化趋势（程国强 2001）的研究。第二个方面，中国入世对农产品生产地区分布的影响，以及中国农产品按比较优势进行的农业区域布局问题。包括对由于地区间生产要素边际报酬差异导致的地区差异分析（蔡昉、于德文 2002），对中国种植业区域布局的研究（刘冬梅 2002），中国粮食生产的地区比较优势及生产布局（于爱芝、裴少峰、李崇光 2001）的研究。第三个方面，大量使用国外流行的定量分析方法。包括"显示比较优势"分析（田志宏 1999），国内资源成本系数分析（彭廷军、程国强 1999，李建平、罗其友 2002），生产者价格指数分析（乔娟 2001），生产集中度指数分析（卢锋梅、孝峰 2001）等。

综上所述，国内现有文献在研究对象上多集中于我国的农产品，尤其是大宗粮食产品。在研究内容上多集中于农产品在成本和价格上的国际竞争力或比较优势评价，并提出相关建议。在研究方法上多使用国际上流行的定量分析方法。这些研究切入点为我国农业及农产品的竞争力评价提供了非常详细的数据以及定量化的结论，具有非常重要的价值。

3.国内外农业竞争力研究的动态、趋势及问题

国内外对农业竞争力的研究多以比较优势理论为基础，在应用上主要有两种模式：一是将农业纳入整个国民经济中作为一个产业来研究其比较优势，二是研究单个农产品的比较优势。第二种模式被较多地应用，并将其用于不同国家、不同地区的农户—品竞争力的比较研究。国外则对农产品的国际竞争力更多关注，但由于国家之间的成本资料不具有充分的可比性，而使这类研究的有效性下降。发达国家的农业已有良好的基础设施和生产条件且技术先进和资金投入充足，对农业竞争力的研究已从生产领域转向发展的政策环境、产品安全及深加工、生态环境建设等领域，从更高层次上关注农业未来的发展。我国农业基础设施普遍较差、技术水平较低、投入不足、专业化和市场化程度不高。农业竞争力的研究主要集中在生产条件、产业结构、生产组织、产品的质量和品种、生产成本和效益等方面。20世纪90年代以来，我国学者开始注重从区域比较优势研究农业生产布局和结构调整的相关问题，从区域农业优势的开发中提升我国农业及农产品的竞争力。不少学者也十分关注农业发展的环境问题，提出发展生态农业、生产"绿色"产品提高农业竞争力。鉴于政府在农业发展中的重要地位，政府的职能范围及作用也成为农业竞争力的研究重点。

4.农业竞争力的概念及相关理论

农业竞争力是一种农业的比较生产率优势，这种优势不仅反映在某种农产品的生产上，而且反映在整个农业产业的生产力水平上。本文所指的农业竞争力，是从产业总体的角度定义其内涵，它主要包括以下方面：农业发展条件竞争力和农业发展实力竞争力，其中农业发展条件竞争力主要包括农业发展的经济社会条件、资源禀赋条件、要素投入条件和政策支持条件；农业发展实力竞争力主要包括农业规模实力、结构实力竞争力和农业相关产业发展实力。

二、河南省各地市农业竞争力评价指标体系构建

（一）建立农业竞争力评价指标体系的原则

1.针对性原则

区域农业竞争力的评估有着不同的目标和任务，有的是为了测定竞争力的水平，有的是为了分析竞争力的构成，有的是为了探寻竞争力高低的原因，有的是为了研究竞争力变动的趋势，有的是为了单项或某一农业产业部门竞争力的评估，有的是为了区域农业综合竞争力的评估等，评估的内容和范围存在一定区别。评估的目标和任务决定了评估的内容和范围，从而为评估指标的设置圈定了边界。因此，评估指标的选择和指标体系的构建，应根据评估目标和任务加以确定，应具有很强的针对性，要有利于实现评估目标和完成特定的评估任务。当然，指标的选择也应当兼顾评价的内容和方法等各方面因素。在操作上，应依据评价的目标和任务确定相应的指标范围，再根据评价的方法选择相应的指标形式。

2.系统性原则

区域农业竞争力的评估涉及的内容较广，从区域农业竞争力的形成条件、影响因素到组成部分、变化发展趋势等方面，包含着十分丰富的内容，且各组成部分之间相互关联。为了使评估全面且线索清晰，指标体系的设置须遵循系统性原则。从区域农业竞争力的内容层次和逻辑关系方面

系统全面地选择相关指标，既要保证评估内容的完整性，又要兼顾指标之间的逻辑关系，使指标体系能全面、系统地反映区域农业竞争力的评估内容。

3.重点性原则

区域农业竞争力的评估内容涉及面较宽，但从整体上看，评估的内容也有轻重与主次之分。为了简明扼要、突出重点，评估指标体系的设置还须遵循重点性原则。指标是评估内容的表现，指标的设置是为了达到评估的目标。因此，指标的选择要依据评估内容的重要程度进行，对重点内容的指标设置应适当详尽，非重点内容尽量精简，使指标体系既能系统、全面地反映评估内容，又能突出评估内容的重点。

4.可比性原则

区域农业竞争力评估的最终目的虽然不同，但为了对区域农业的竞争力进行横向或纵向的比较，在指标的选择和指标体系构建上，以及在指标的内涵和统计口径上，应具备较强的可比性。使区域农业竞争力的评估结果既可作历史的变动分析，也可作不同区域竞争力水平的对比。这就要求对同一区域不同时期的农业竞争力的评估指标体系应保持一致，对不同区域农业竞争力评估的指标体系应尽可能相同或相似。评估指标体系的一致性，可以确保用相同的尺度对不同区域或同一区域不同时期的农业竞争力进行测定。

5.可操作性原则

区域农业竞争力的评估需要应用相关数据和文字资料。这些资料有些容易收集，有些则难以收集或需要花费较大人力、财力才能得到。在选择评估指标和设置指标体系时，一定要考虑资料的可得性及收集的难易程度。只有相关资料可得的指标才是可以测定的，才具有可操作性。如果相关资料难以取得，则指标值就难以确定，指标的选择便失去了可操作性。为了解决资料上的困难，有些必不可少的指标可以用相关指标调换，有些不重要的指标则可以舍弃。

（二）农业竞争力评价指标体系的内容

区域农业竞争力在内容上应该包括农业发展条件竞争力和农业发展实力竞争力，农业发展条件包括了农业发展过程中的宏观经济支撑条件、自然资源禀赋条件、发展要素投入条件和农业政策支持条件；农业发展实力则通过农业规模竞争实力、农业配套产业发展实力和农业发展结构实力来体现。

1.农业发展条件竞争力

（1）经济发展支撑条件

农业的发展离不开周围的经济发展环境，在经济发展指标中，人均GDP具有可比性和动态性，是人均创造地区财富的标志，反映了农业创造社会价值的水平。经济增长率反映了一个地区的经济活力。按照科学发展观的指导，发展经济必须要重视经济效率的提高。因此，本文选取单位国内生产总值能耗作为衡量地区经济效率，以全社会消费品零售总额作为社会收入指标，金融机构贷款年底总额作为金融指标，将第二、第三产业占GDP的比重作为产业结构指标，将非公有制经济增加值作为所有制结构指标，如表1-7所示。

表1-7　经济发展支撑条件竞争力评价指标

经济发展支撑条件	人均地区生产总值	X1:人均地区生产总值
	人均全年可支配收入	X2:人均全年可支配收入
	消费支出	X3:全社会消费品零售总额
	金融发展水平	X4:金融机构贷款年底总额
	经济结构	X5:第二、第三产业产值占GDP的比重
	所有制结构	X6:非公有制经济增加值

通过整理，河南省各地市经济发展支撑条件竞争力指标数据如表1-8所示。

表 1-8 河南省各地市经济发展支撑条件竞争力指标数据表

地市	人均地区生产总值（元）	人均全年可支配收入（元）	全社会消费品零售总额（元）	金融机构贷款年底总额（元）	第二、第三产业产值占GDP的比重	非公有制经济增加值（亿元）
	X1	X2	X3	X4	X5	X6
郑州	101352	39042	4268.09	21202.24	98.55%	5413.62
开封	43933	29094	980.56	1498.76	86.36%	1203.16
洛阳	67707	35935	2154.92	4072.46	94.89%	2642.75
平顶山	42587	32084	882.86	1868.66	92.47%	1132.76
安阳	46443	32703	877.71	1463.66	91.85%	1393.61
鹤壁	53084	30688	245.42	610.01	93.03%	539.93
新乡	43696	31309	1019.64	1726.90	91.04%	1586.42
焦作	66329	31499	788.54	1353.45	94.31%	1421.29
濮阳	45644	31042	616.53	862.88	90.09%	1062.40
许昌	63988	31918	873.77	1748.15	94.76%	1925.19
漯河	46532	31168	580.18	795.35	91.03%	809.35
三门峡	67275	29822	533.74	808.35	92.21%	780.88
南阳	35555	31313	2000.30	2344.21	85.31%	2086.75
商丘	32670	29996	1121.49	1620.31	84.02%	1421.29
信阳	36951	28276	1136.61	1722.34	81.31%	1331.84
周口	30821	26404	1322.57	1237.49	83.29%	1577.71
驻马店	33773	28420	1010.82		82.59%	1380.75
济源	87761	33307	181.64		97.06%	420.08

数据来源：《河南统计年鉴 2019》

(2)自然资源禀赋条件

区域农业发展的自然资源包括土地资源、生物资源、水资源和电力资源等，其中，土地和水资源对农业生产的影响是最关键的。土地资源的数量及质量、水资源的数量及分布，对农业生产规模、专业化水平、生产效率、生产成本、农产品品质等方面，具有决定性影响，是区域农业竞争力形成的基础。对于区域农业发展，人均耕园地的数量、人均非耕地的数量、人均水资源数量以及耕园地质量，对区域农业竞争力水平的影响最大。

生态环境对农业生产的自然条件产生重大影响，还对农业生产的成本、资源产出率、劳动生产率及农产品的品质和安全性、农业的自然风险产生巨大作用，是区域农业竞争力形成的重要因素。生态环境包含的内容很多，但对农业发展影响最直接、作用大的主要是森林植被和水土保持两个方面。

选取地区人均农作物可播种面积、粮食作物耕地、经济作物播种面积、人均果园面积和人均成林抚育面积来代表地区林业发展条件，选取地区人均饲养大牲畜年底头数来代表地区牧业发展条件，选取农村居民人均可用电量来代表地区农村电力条件。上述描述如表1-9所示：

表1-9 自然资源禀赋条件竞争力评价指标

自然资源禀赋条件	耕地条件	Y1:农作物播种总面积
		Y2:粮食作物播种面积
		Y3:经济作物播种面积
	林业条件	Y4:人均果园面积
		Y5:人均成林抚育面积
	牧业条件	Y6:人均饲养大牲畜年底头数
	电力条件	Y7:人均可用电量

通过整理，河南省各地市农业发展的自然资源禀赋条件竞争力指标数据如表1-10所示。

表1-10 河南省各地市农业发展的自然资源禀赋条件竞争力指标数据表

地市	农作物播种面积（千公顷）	粮食作物（千公顷）	经济作物（千公顷）	人均果园面积（千公顷）	人均成林抚育面积	人均饲养大牲畜年底头数	人均可用电量
	Y1	Y2	Y3	Y4	Y5	Y6	Y7
郑州	423.29	324.75	98.54	0.018746054	0.004208761	1584.409	0.552803966
开封	855.72	531.34	324.38	0.039604372	0.016806502	4552.8596	0.251776381
洛阳	679.72	516.37	163.34	0.061667997	0.015311026	1762.0752	0.632118458
平顶山	555.00	449.44	105.57	0.024709112	0.018527358	6414.287	0.385597788
安阳	763.04	596.53	166.51	0.059221406	0.011653787	1519.5045	0.430598918
鹤壁	197.96	172.18	25.78	0.012345603	0.047545013	440.4145	0.34407792

续表

地市	农作物播种面积（千公顷）Y1	粮食作物（千公顷）Y2	经济作物（千公顷）Y3	人均果园面积（千公顷）Y4	人均成林抚育面积 Y5	人均饲养大牲畜年底头数 Y6	人均可用电量 Y7
新乡	876.30	726.17	150.13	0.02701196	0.014473344	1296.809	0.432876547
焦作	354.19	283.78	70.41	0.019032501	0.01757039	264.4677	0.664854207
濮阳	531.48	432.61	98.88	0.030365158	0.006596664	4523.2569	0.28337092
许昌	581.53	456.01	125.53	0.008651463	0.009277956	1377.3053	0.309702529
漯河	365.47	270.67	94.81	0.011717255	0.003789442	224.2893	0.262370465
三门峡	254.44	165.73	88.70	0.280826257	0.071432971	134.9972	0.502089841
南阳	2011.98	1313.73	698.25	0.084669849	0.041936966	2612.0342	0.231151933
商丘	1447.47	1099.88	347.57	0.077884865	0.004620971	993.0589	0.264502478
信阳	1160.03	838.51	321.52	0.028808637	0.040489026	381.2523	0.186073431
周口	1857.25	1388.00	469.25	0.025730024	0.004467722	6184.5369	0.131754477
驻马店	1795.68	1297.13	498.54	0.028648779	0.014471478	8010.3172	0.199105108
济源	51.30	43.47	7.83	0.030189709	0.053719121	49.1204	1.159724307

数据来源：《河南统计年鉴 2019》

（3）发展要素投入条件

农业劳动者数量的多少和科学文化素质的高低是制约农业发展的重要条件。劳动者的科技文化素质，包括接受科学技术的意识、文化程度、劳动技能、市场观念等。区域农业劳动者如果具备较高的文化素质，一方面有助于增强区域农业对科技成果的吸纳、消化和应用能力，提高区域农业的技术水平和管理水平，增强区域农业的市场竞争能力和盈利能力；另一方面也有利于区域农业劳动生产率、土地产出率的明显提高，生产成本的大幅下降。农业劳动者的科技文化素质通过对区域农业劳动生产率、土地产出率、生产成本以及区域农业科技的应用和推广水平的影响，决定区域农业的市场竞争能力、盈利能力和可扩张能力高低。

农业投资对农业发展具有重要影响，先进的农业设施能调节或改善环境，为农业生产创造更好的条件。农业生产工具的改进和创新意味着制造技术在农业生产中的应用度增强，它不仅反映农业生产效率的提高，也是农业生产力水平提高的重要标志。而对技术进步和创新的投资是农业生产力发展的重要条件,对促进区域农业生产,提高区域农业的竞争力也具有决定性的作用。上述描述如表1-11所示。

表1-11 农业发展要素投入条件竞争力评价指标

发展要素投入条件	劳动力条件	Z_1:农林牧渔业从业人员比重
	资本投入条件	Z_2:农用化肥使用纯折量
		Z_3:农业机械总动力
		Z_4:农村用电量

河南省各地市农业发展要素投入条件竞争力指标数据表如表1-12所示。

表1-12 河南省各地市农业发展要素投入条件竞争力指标数据表

地市	农林牧渔业从业人员比重(%)	农用化肥使用纯折量(吨)	农业机械总动力(万千瓦)	农村用电量(亿瓦小时)
郑州	14.7	196714	Y_5	Y_6
开封	41	313774	441	27.32
洛阳	34.3	240735	584	12.16
平顶山	46.8	360649	535	24.32
安阳	31.6	442912	402	12.87
鹤壁	30.4	73248	493	29.04
新乡	33	536095	231	2.40
焦作	29.3	199917	768	67.80
濮阳	39.7	308032	251	14.87
许昌	36.5	227419	368	9.85
漯河	41.1	174142	383	10.88
三门峡	43.7	88832	253	6.59
南阳	45.9	807350	119	3.67
商丘	35.6	852538	1434	23.28
信阳	44.4	451925	865	24.82
周口	44.4	873718	664	17.38
驻马店	49.1	755158	962	20.21
济源	29.6	24770	1379	21.15

数据来源:《河南统计年鉴2019》

2.农业发展实力竞争力

(1) 农业规模竞争实力

农业与其他产业相类似，无论是不同的产业部门或不同的产品，其盈利能力都是由生产规模、生产成本、销售价格决定的。生产规模越大、单位成本越低、单位价格越高，盈利能力就越强；生产规模越小，或单位成本越高、单位价格越低，盈利能力就越弱。对于区域农业而言，生产规模主要受自然资源和投资的制约，而单位生产成本受自然条件、要素质量、技术水平、生产组织等多种因素的影响，单位农产品销售价格则主要受质量、市场适应性等因素的制约。

从绝对值和相对值两个角度选择农业规模经济的相关指标分别是：地区农林牧渔总产值占全省农林牧渔总产值的比重、地区农业产值占全省的比重、地区林业产值占全省的比重、地区牧业产值占全省的比重、地区渔业产值占全省的比重、地区人均粮食产量、地区人均蔬菜产量。上述描述如表1-13所示。

表1-13 农业规模竞争力评价指标

农业规模实力竞争力	相对规模	A1:地区农林牧渔总产值占全省农林牧渔总产值的比重
		A2:地区农业产值占全省的比重
		A3:地区林业产值占全省的比重
		A4:地区牧业产值占全省的比重
		A5:地区渔业产值占全省的比重
	绝对规模	A6:地区人均粮食产量
		A7:地区人均蔬菜产量

通过整理，河南省各地市农业规模竞争力指标数据如表1-14所示。

表 1-14 河南省各地市农业规模竞争力指标数据表

地市	地区农林牧渔总产值占全省农林牧渔总产值的比重	地区农业产值占全省的比重	地区林业产值占全省的比重	地区牧业产值占全省的比重	地区渔业产值占全省的比重	地区人均粮食产量(吨/人)	地区人均蔬菜产量(吨/人)
郑州	0.08013656	0.031276982	0.048911712	0.026330965	0.126731318	0.15524228	0.2245419
开封	0.048941438	0.064081384	0.04837532	0.073316036	0.059361095	0.659655414	1.682829374
洛阳	0.064113611	0.05480055	0.181960313	0.049396869	0.045358976	0.363710242	0.39007694
平顶山	0.043989485	0.030563044	0.078291605	0.058003637	0.040681281	0.452290908	0.459292965
安阳	0.045843741	0.05151025	0.023226882	0.038009972	0.010569636	0.72488359	1.061260653
鹤壁	0.012794363	0.008134862	0.007499419	0.032162973	0.009681363	0.728813986	0.26560499
新乡	0.067265846	0.046769294	0.037021936	0.059902791	0.049556678	0.807091352	0.509828507
焦作	0.026341336	0.031059879	0.061199132	0.030283889	0.007854291	0.574479071	0.511770741
濮阳	0.058605382	0.03422311	0.050628633	0.047145248	0.020253443	0.795447166	0.693407622
许昌	0.033932876	0.031991342	0.06776529	0.038152932	0.007995273	0.671455582	0.332277234
漯河	0.019251535	0.022118914	0.010777459	0.03875645	0.011026811	0.680973999	0.696456309
三门峡	0.034740022	0.033991451	0.029236493	0.014733159	0.016107897	0.316701131	0.521338378
南阳	0.108124911	0.117676208	0.129063638	0.135433354	0.091077337	0.699883658	1.099636295
商丘	0.080583763	0.092998303	0.046839005	0.085323716	0.060182544	0.988156799	1.290389808
信阳	0.10516901	0.105483626	0.169548097	0.096679418	0.241074077	0.877805409	0.660581702
周口	0.09611588	0.106058834	0.0866646	0.115285896	0.040875234	1.039318721	1.196096458
驻马店	0.093770792	0.084590786	0.040371289	0.132265405	0.117842882	1.121066993	0.652075718
济源	0.008987686	0.002679083	0.012437796	0.006709258	0.02092902	0.316461035	0.284984141

数据来源:《河南统计年鉴 2019》

(2) 农业相关产业实力

农业与非农产业的关联越来越紧密,随着农业生产力水平和综合生产能力的提高,农业生产与产前农业生产资料的提供生产信息服务,产后农产品的包装、加工及营销服务等方面的联系越来越紧密,农业生产的专业化、标准化和产业化使农业生产对上游环节,如种子、化肥、农药等生产资料的生产和销售有了更高的要求;而农产品市场竞争的加剧使农业生产对产后的营销环节，如农产品的包装、加工、品牌设计和促销策略和方法的依赖性越来越强。农业的竞争力越来越取决于农业产业链的延伸和农业产业群的关联效应，农业产业不再是一个独立于国民经济体系之外的生产部门，农业产业已经与其产前、产后的相关产业产生越来越紧密的关联度。

从相关产业的发展来看待农业竞争力水平的提高。本文选取的主要指标包括：非农产业从业人员比重、人均工业产值、第三产业GDP占地区GDP比重和第三产业GDP指数的比重，如表1-15所示。

表1-15 农业相关产业实力竞争力评价指标

农业相关产业实力	总体实力	B1:非农产业从业人员比重
		B2:人均工业产值
	服务业实力	B3:第三产业GDP占地区GDP比重
		B4:第三产业GDP指数

通过整理，河南省各地市农业相关产业实力竞争力指标数据，如表1-16所示。

表1-16 河南省各地市农业相关产业实力竞争力指标数据表

地市	非农产业从业人员比重	人均工业产值	第三产业GDP占地区GDP比重	第三产业GDP指数
郑州	0.85318499	4.391012234	0.546717595	108.3
开封	0.589539932	1.699927709	0.475988485	108.2
洛阳	0.656897077	3.001509763	0.503389286	109.0
平顶山	0.531874122	2.022594825	0.448491353	107.8
安阳	0.683521476	2.133964451	0.45695266	109.0
鹤壁	0.696195623	3.332882689	0.301066952	106.9
新乡	0.67023144	2.086726152	0.431892694	106.4
焦作	0.706659398	3.736764419	0.377322641	106.5
濮阳	0.603471446	2.320413365	0.394694243	107.8
许昌	0.634693933	3.684319647	0.370007034	109.7
漯河	0.58890136	2.781075301	0.310868766	108.3
三门峡	0.562570689	3.705354393	0.370938349	108.0

续表

地市	非农产业从业人员比重	人均工业产值	第三产业GDP占地区GDP比重	第三产业GDP指数
南阳	0.541148734	1.47356595	0.439383539	109.5
商丘	0.644306894	1.348258774	0.42676915	110.9
信阳	0.555973662	1.38635486	0.437214736	112.6
周口	0.555550702	1.397416396	0.381658884	110.8
驻马店	0.610517657	1.315507489	0.435417212	110.3
济源	0.703610021	5.677903644	0.322417773	107.7

数据来源：《河南统计年鉴2019》

(3) 农业发展结构实力

不同区域在自然资源、气候条件、基础设施、区位及发展政策与思路上的差异，导致农业产业结构的差别。有的区域农业产业结构比较单一，有的区域产业结构比较齐全；有的区域以种植业为主，有的区域以畜牧业为主，有的区域则是种养业相结合；有的区域林业或水产业较发达，而有的区域这两个产业规模很小，形成各具特色的产业结构类型。区域农业产业结构类型的差异，直接决定单项和综合农业竞争力的高低。农业产业结构比较单一的区域，其产业门类和产品种类就较少，不能很好地满足市场的多样性需求，当市场对这些产品的需求发生变化，其市场适应能力就可能急剧下降，面临严重的市场风险。同时，如果农业产业结构太过单一，一旦遭遇对其不利的灾害，损失会十分惨重，使其风险抗御能力降低。农业产业结构单一还不利于自然资源的有效利用，农业可持续发展会因此受到影响。当然，区域农业竞争力也不是产业结构越复杂就越强，对于农业主导产业不突出、产业结构"小而全"的区域，即使有较强的市场适应能力，但因缺少主导产品，市场份额也会受到限制且"小而全"的产业或产品结构无法实现规模经营，产业的扩张受到限制，市场适应能力、可扩张能力和盈利能力都不会很强。而农业产业结构比较齐全、主导产业又比较突出的区域，其产业门类和产品种类就比较丰富，面对市场需求变化有较强的适应能力，既能占领市场，又能保持足够大的市场份额，产业的可扩张能力和盈利能力都相对较强，并进而对其他单项竞争能力的提高产生带动效应。农业产业结构齐全还有利于资源的综合利用,以此增强区域农业的可持续发展能力。

为衡量农业发展结构实力竞争力,从总量和规模两个方面选取如下指标:人均农作物总播种面积、农业总产值占农林牧渔业总产值的比重、人均农业总产值、林业总产值占农林牧渔业总产值的比重、人均林业总产值、牧业总产值占农林牧渔业总产值的比重、人均牧业总产值、渔业总产值占农林牧渔业总产值的比重、人均渔业总产值来分别表示农林牧副渔业在整个宏观农业产业机构中的地位。如表1-17所示。

表1-17 农业发展结构实力竞争力评价指标

农业发展结构实力	农业产业地位	C1:人均农作物总播种面积
		C2:农业总产值占农林牧渔业总产值的比重
		C3:人均农业总产值
	林业产业地位	C4:林业总产值占农林牧渔业总产值的比重
		C5:人均林业总产值
	牧业产业地位	C6:牧业总产值占农林牧渔业总产值的比重
		C7:人均牧业总产值
	渔业产业地位	C8:渔业总产值占农林牧渔业总产值的比重
		C9:人均渔业总产值

通过整理,河南省各地市农业发展结构实力竞争力指标数据如表1-18所示。

表 1-18 河南省各地市农业发展结构实力竞争力指标数据表

地市	人均农作物总播种面积（公顷）	农业总产值占农林牧渔业总产值的比重	人均农业总产值	林业总产值占农林牧渔业总产值的比重	人均林业总产值	牧业总产值占农林牧渔业总产值的比重	人均牧业总产值	渔业总产值占农林牧渔业总产值的比重	人均渔业总产值
郑州	0.310699895	0.644676381	0.153474448	0.026150218	0.006225434	0.225629294	0.053714286	0.064447041	0.015342541
开封	0.911370435	0.609627445	0.69819777	0.011937187	0.013671493	0.289963536	0.332091174	0.013932744	0.015956976
洛阳	0.629833708	0.616043832	0.39567453	0.053057759	0.034078101	0.230854267	0.14827379	0.01258031	0.008080134
平顶山	0.636701016	0.498680722	0.3023466	0.03313498	0.020089504	0.393453115	0.238547845	0.016376561	0.009928993
安阳	0.786551101	0.714838175	0.494968122	0.008360852	0.005789219	0.21929232	0.151842349	0.003618897	0.002505796
鹤壁	0.732806366	0.347173885	0.248633934	0.008301757	0.005945431	0.570643444	0.408675106	0.010193785	0.007300436
新乡	0.814942683	0.604650613	0.401469598	0.012415047	0.008243213	0.321960455	0.21377194	0.015806947	0.010495331
焦作	0.545166151	0.612583179	0.430227811	0.031308056	0.021988192	0.248306872	0.17439023	0.003821857	0.002684156
濮阳	0.778801158	0.542763978	0.471587521	0.020827315	0.018096082	0.310843111	0.270080069	0.007924877	0.006885632
许昌	0.757705345	0.596889335	0.358576419	0.032795495	0.019701627	0.295938226	0.177782485	0.003680415	0.002210979
漯河	0.713197389	0.550109034	0.412758038	0.006952594	0.005216674	0.400719762	0.300668217	0.006766078	0.005076727
三门峡	0.772430507	0.815104415	0.74381891	0.018185044	0.016594659	0.146876124	0.134030974	0.009529816	0.008696379
南阳	1.050076435	0.634290546	0.584488895	0.018044673	0.016627886	0.303484836	0.279656567	0.012111893	0.011160921
商丘	0.966159952	0.679060762	0.631433252	0.008871291	0.008249082	0.259009182	0.240842969	0.010841922	0.010081498
信阳	1.300053939	0.636303292	0.810370245	0.026528798	0.033788609	0.242451535	0.308776509	0.035878291	0.045693147
周口	0.987972724	0.622397757	0.607876075	0.013191933	0.012884141	0.281260755	0.274698426	0.005918117	0.005780036
驻马店	1.34353982	0.549689348	0.597913055	0.006804754	0.007401728	0.357315878	0.388662849	0.018892948	0.020550408
济源	0.623952504	0.413967187	0.181860243	0.049850411	0.021899823	0.4309889	0.189338065	0.079786755	0.035051181

数据来源：河南统计年鉴 2019

3.指标体系的总体说明

结合以上对指标体系的分解与分析可知,以上各部分评价指标既相互独立,又相互联系,有较强的逻辑关系,构成了一个地区农业竞争力评价体系不可分割的整体。整个指标体系分设一级指标2个,二级指标6个,三级指标36个,如表1-19所示。

表1-19 不同地区农业竞争力评价指标体系

总目标	一级指标	二级指标	三级指标	指标解释
农业发展竞争力	农业发展条件竞争力	经济发展支撑条件	人均地区生产总值	X1:人均地区生产总值
			人均全年可支配收入	X2:人均全年可支配收入
			消费支出	X3:全社会消费品零售总额
			金融发展水平	X4:金融机构贷款年底总额
			经济结构	X5:第二、第三产业产值占GDP的比重
			所有制结构	X6:非公有制经济增加值
		自然资源禀赋条件	耕地条件	Y1:农作物播种总面积
				Y2:粮食作物播种面积
				Y3:经济作物播种面积
			林业条件	Y4:人均果园面积
				Y5:人均成林抚育面积
			牧业条件	Y6:人均饲养大牲畜年底头数
			电力条件	Y7:人均可用电量
		发展要素投入条件	劳动力条件	Z1:农林牧渔业从业人员比重
			资本投入条件	Z2:农用化肥使用纯折量
				Z3:农业机械总动力
				Z4:农村用电量

续表

总目标	一级指标	二级指标	三级指标	指标解释
农业发展竞争力	农业发展实力竞争力	农业规模实力竞争力	相对规模	A1：地区农林牧渔总产值占全省农林牧渔总产值的比重
				A2：地区农业产值占全省的比重
				A3：地区林业产值占全省的比重
				A4：地区牧业产值占全省的比重
				A5：地区渔业产值占全省的比重
			绝对规模	A6：地区人均粮食产量
				A7：地区人均蔬菜产量
		农业相关产业实力	总体实力	B1：非农产业从业人员比重
				B2：人均工业产值
			服务业实力	B3：第三产业GDP占地区GDP比重
				B4：第三产业GDP指数
		农业发展结构实力	农业产业地位	C1：人均农作物总播种面积
				C2：农业总产值占农林牧渔业总产值的比重
				C3：人均农业总产值
			林业产业地位	C4：林业总产值占农林牧渔业总产值的比重
				C5：人均林业总产值
			牧业产业地位	C6：牧业总产值占农林牧渔业总产值的比重
				C7：人均牧业总产值
			渔业产业地位	C8：渔业总产值占农林牧渔业总产值的比重

三、河南省各地市农业竞争力的因子分析

(一) 经济发展支撑条件竞争力

第一步进行计量分析检验，检验结果如表1-20所示，其中KMO值为0.746，而巴特莱特值为215.285，伴随的显著性概率为0.000，小于0.01临界值，说明因子协方差矩阵不是一个单位阵，经济发展支撑条件竞争力适合作因子分析。根据计量经济学检验标准，当综合因子的解释率大于或等于70%时，就可以认定提取的公因子能够反映提取前各个因子所包含大部分信息，而提取后的各个公因子彼此间并不相关。

表1-20 经济发展支撑条件竞争力的KMO和Bartlett's检验

KMO 和 Bartlett 的检验		
取样足够度的 Kaiser-Meyer-Olkin 度量		.746
Bartlett 的球形度检验	近似卡方	215.285
	df	36
	Sig.	.000

第二步分析提取出来的主成分（公因子）的特征值以及主成分的方差比重，以确定有几个公因子能够作为反映总体情况的指标，表1-21给出了能够代表经济发展支撑条件竞争力的公因子的特征值及主成分的方差比重。

表1-21 经济发展支撑条件竞争力表现指标主成分的特征值及方差比重数据表

解释的总方差						
成分	初始特征值			提取平方和载入		
	合计	方差的%	累积%	合计	方差的%	累积%
1	5.895	65.497	65.497	5.895	65.497	65.497
2	1.585	17.616	83.113	1.585	17.616	83.113
3	.932	10.358	93.470			
4	.292	3.247	96.718			
5	.163	1.806	98.524			
6	.076	.850	99.374			

续表

解释的总方差						
成分	初始特征值			提取平方和载入		
	合计	方差的%	累积%	合计	方差的%	累积%
7	.038	.422	99.795			
8	.014	.150	99.946			
9	.005	.054	100.000			
提取方法：主成分分析。						

从表 1-21 可以看出，由各个组成因子提取出来的第一个公因子的方差比重为 65.497%，说明第一个主成分在 65.497% 的概率上能够反映各个组成因子的变化，第二个公因子的方差比重是 17.616%，两者之和超过 70% 的临界值，说明如果用两个主成分来分析，能够在 83.113% 的概率上能够反映各个组成因子的变化，这说明抽取的两个主成分是适当的。

图 1-2 的碎石图给出了经济发展支撑条件竞争力表现指标主成分的特征值的相对比重指。可以看出，经济发展支撑条件竞争力的第一和第二个因子所在曲线的斜率较大，而后七个因子散点所在曲线的斜率较小，从 7 个因子所处位置来看其特征根的值均小于 1，这说明经济发展支撑条件竞争力至多只能考虑前两个公因子。

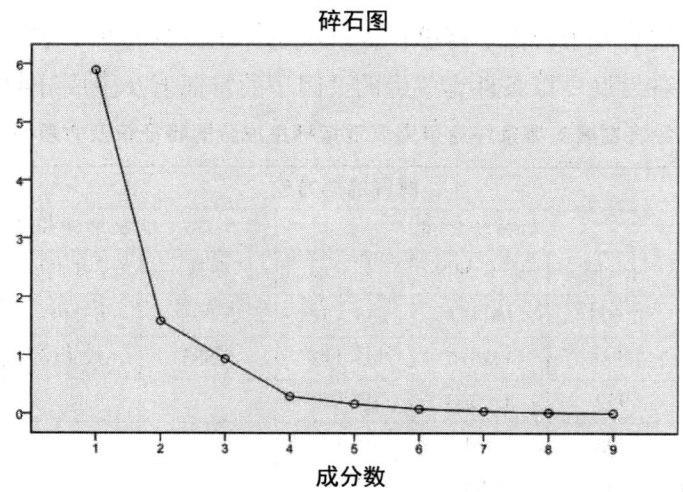

图 1-2 经济发展支撑条件竞争力因子分析碎石图

第三步分析因子载荷矩阵，如表1-22所示，①经济发展支撑条件竞争力公因子F1在人均地区生产总值、人均财政总收入、人均固定资产投资额、人均全社会消费品零售总额、人均金融机构存款年底余额和进出口总额上的载荷值都较大，可称为经济发展总量因子；②公因子F2在所有制结构（非国有工业企业增加值/工业增加值）、单位GDP能耗上的载荷值较大，代表经济发展结构因子；③综合得分F的计算公式为：

$$F = (F1 \times 65.497 + F2 \times 17.616)/83.113$$

其含义就是先用各因子得分乘以其方差贡献率，然后计算这个值占两个因子总方差贡献率的比重。

表1-22 经济发展支撑条件竞争力因子载荷矩阵

成分矩阵 a		
	成分	
	1	2
Zscore(x1)	.966	−.130
Zscore(x2)	.982	.141
Zscore(x3)	.922	−.232
Zscore(x4)	.880	.400
Zscore(x5)	.831	.456
Zscore(x6)	.864	−.337
Zscore(x7)	−.248	.634
Zscore(x8)	.842	.261
Zscore(x9)	.408	−.737

根据这个公式，就可以计算出河南省各个地市的经济发展支撑条件竞争力得分，如果某个地市得分为正，说明该地市经济发展支撑条件竞争力在平均水平之上；得分为负，说明该地市经济发展支撑条件竞争力在平均水平之下。

第四步，计算各地市竞争力得分。如表1-23所示。

表 1-23 河南省经济发展支撑条件竞争力各地市得分及排名表

地市	F1（代表经济发展总量因子得分）	F2（代表经济发展结构因子得分）	F（代表总得分）	总排名
郑州	2.72465	2.47365	2.67145	1
开封	−0.708	0.99776	−0.34646	12
洛阳	0.77068	−0.29047	0.545767	3
平顶山	−0.04643	−1.01866	−0.2525	10
安阳	−0.18432	−0.61208	−0.27498	11
鹤壁	−0.04456	−1.00822	−0.24881	9
新乡	−0.23185	−0.07059	−0.19767	8
焦作	0.42746	−0.19887	0.294708	5
濮阳	−0.34515	−0.67886	−0.41588	13
许昌	0.09346	0.10808	0.096559	6
漯河	−0.23035	0.11967	−0.15616	7
三门峡	0.81518	−1.36833	0.35238	4
南阳	−0.64558	0.38444	−0.42726	14
商丘	−0.87792	−0.47317	−0.79213	18
信阳	−0.82934	0.83703	−0.47615	15
周口	−1.25311	1.36769	−0.69763	16
驻马店	−1.08776	0.68082	−0.71291	17
济源	1.65293	−1.24988	1.037672	2

从表 1-23 可以看出，河南省经济发展支撑条件竞争力前五名的地市分别是郑州、济源、洛阳、三门峡和焦作，后五名的地市分别是南阳、信阳、周口、驻马店和商丘。河南省 18 个地市中，经济发展支撑条件竞争力在平均水平以上的有 6 个地市，经济发展支撑条件竞争力在平均水平以下的有 12 个地市。

（二）自然资源禀赋条件竞争力

第一步进行计量分析检验，检验结果如表 1-24 所示，其中 KMO 值为 0.668，而巴特莱特值为 11.334，伴随的显著性概率为 0.009，小于 0.01 临界值，说明因子协方差矩阵不是一个单位阵，自然资源禀赋条件竞争力适合作因子分析。根据计量经济学检验标准，当综合因子的解释率大于或等于70%时，就可以认定提取的公因子能够反映提取前各个因子所包含大部分信息，而提取后的各个公因子彼此间并不相关。

表1-24　自然资源禀赋条件竞争力的 KMO 和 Bartlett's 检验

取样足够度的 Kaiser-Meyer-Olkin 度量		.668
Bartlett 的球形度检验	近似卡方	11.334
	df	15
	Sig.	.009

第二步分析提取出来的主成分（公因子）的特征值以及主成分的方差比重，以确定有几个公因子能够作为反映总体情况的指标，表1-25给出了能够代表自然资源禀赋条件竞争力的公因子的特征值及主成分的方差比重。

表1-25　自然资源禀赋条件竞争力表现指标主成分的特征值及方差比重数据表

解释的总方差						
成分	初始特征值			提取平方和载入		
	合计	方差的%	累积%	合计	方差的%	累积%
1	2.146	45.770	35.770	2.146	45.770	45.770
2	1.133	28.882	54.652	1.133	28.882	74.652
3	.886	14.761	69.413			
4	.829	13.814	83.227			
5	.542	9.025	92.252			
6	.465	7.748	100.000			
提取方法：主成分分析						

从表1-25可以看出，由各个组成因子提取出来的第一公个因子的方差比重为35.77%，说明第一个主成分在45.77%的概率上能够反映各个组成因子的变化，第二个公因子的方差比重为28.882%，二者之和超过70%的临界值，说明如果用两个主成分来分析，能够在74.652%的概率上反映各个组成因子的变化，这说明抽取两个主成分是适当的。

图1-3给出了自然资源禀赋条件竞争力表现指标主成分的特征值的相

对比重指标。由图可见，自然资源禀赋条件竞争力的第一、第二个因子所在曲线的斜率较大，而后四个因子散点所在曲线的斜率较小，从四个因子所处位置来看其特征根的值均小于1，说明自然资源禀赋条件竞争力至多只能考虑前两个公因子。

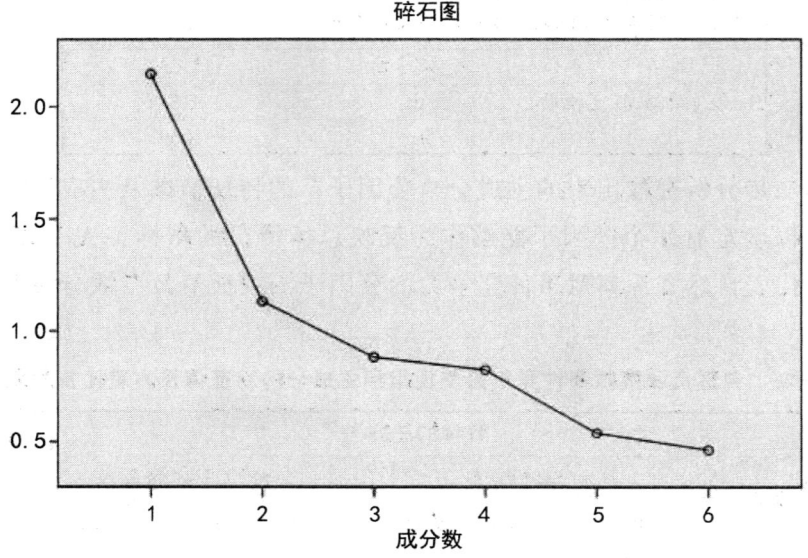

图 1-3　自然资源禀赋条件竞争力因子分析碎石图

第三步分析因子载荷矩阵，如表 1-26 所示：①自然资源禀赋条件竞争力公因子 F1 为农业发展资源，在人均可播种面积、旱涝保收耕地占可播种耕地比重的载荷值都较大，可称为经济发展总量因子；②公因子 F2 为副业发展资源，在人均果园面积、人均成林抚育面积、人均饲养大牲畜年底头数上载荷值较大，代表经济发展结构因子；③综合得分 F 的计算公式为

$$F = (F1 \times 45.770 + F2 \times 28.882)/74.652$$

其含义就是先用各因子得分乘以其方差贡献率，然后计算这个值占两个因子总方差贡献率的比重。

根据这个公式，就可以计算出河南省各个地市的自然资源禀赋条件竞争力得分，如果某个地市得分为正，说明该地市自然资源禀赋条件竞争力在平均水平之上，得分为负，说明该地市自然资源禀赋条件竞争力在平均水平之下。

表 1-26 自然资源禀赋条件竞争力因子载荷矩阵

成分矩阵 a		
	成分	
	1	2
y1	.610	−.228
y2	.773	.179
y3	−.759	.288
y4	−.111	−.804
y5	−.676	.105
y6	.364	.554

第四步,计算各地市竞争力得分。如表 1-27 所示。

表 1-27 河南省自然资源禀赋条件竞争力各地市得分及排名表

各地市	F1	F2	F3	排名
郑州	0.60067	0.7382	0.112567	3
开封	0.00489	0.14642	0.009341	9
洛阳	−1.10818	0.22829	−0.11226	16
平顶山	−0.8129	0.62793	−0.05472	15
安阳	0.30136	0.58536	0.069376	6
鹤壁	1.07371	−1.06427	0.058186	7
新乡	1.28459	1.71502	0.248913	1
焦作	0.55585	1.05921	0.126733	2
濮阳	0.41036	−1.1955	−0.02509	11
许昌	0.19271	−0.94446	−0.03476	13
漯河	0.8247	−0.02017	0.092529	4
三门峡	−3.018	1.10325	−0.27684	18
南阳	−0.95768	−2.54404	−0.2615	17
商丘	0.58002	0.36017	0.087538	5
信阳	0.35434	−0.20096	0.028218	8
周口	0.17501	−0.31949	0.000723	10
驻马店	−0.0942	−0.39023	−0.03412	12
济源	−0.36726	0.11527	−0.03483	14

从表 1-27 可以看出,河南省农业的自然资源禀赋条件竞争力前五名的地市分别是新乡、焦作、郑州、漯河和商丘,后五名的地市分别是济源、平顶山、洛阳、南阳和三门峡。河南省 18 个地市中,农业的自然资

源禀赋条件竞争力在平均水平以上的有 10 个地市，农业的自然资源禀赋条件竞争力在平均水平以下的有 8 个地市。

（三）农业发展要素投入条件竞争力

第一步进行计量分析检验，检验结果如表 1-28 所示，其中 KMO 值为 0.717，而巴特莱特值为 17.529，伴随的显著性概率为 0.001，小于 0.01 临界值，说明因子协方差矩阵不是一个单位阵，农业发展要素投入条件竞争力适合作因子分析。根据计量经济学检验标准，当综合因子的解释率大于或等于 70% 时，就可以认定提取的公因子能够反映提取前各个因子所包含大部分信息，而提取后的各个公因子之间彼此间并不相关。

表 1-28　农业发展要素投入条件竞争力的 KMO 和 Bartlett's 检验

取样足够度的 Kaiser-Meyer-Olkin 度量		.717
Bartlett 的球形度检验	近似卡方	17.529
	df	36
	Sig.	.001

第二步分析提取出来的主成分（公因子）的特征值以及主成分的方差比重，以确定有几个公因子能够作为反映总体情况的指标，表 1-29 给出了能够代表农业发展要素投入条件竞争力的公因子的特征值及主成分的方差比重。

表 1-29　农业发展要素投入条件竞争力表现指标主成分的特征值及方差比重数据表

成分	初始特征值			提取平方和载入		
	合计	方差的%	累积%	合计	方差的%	累积%
1	1.973	39.469	39.469	1.973	39.469	39.469
2	1.550	30.994	70.463	1.550	30.994	70.463
3	.655	13.106	83.569			
4	.551	11.028	94.597			
5	.270	5.403	100.000			

提取方法：主成分分析。

从表 1-29 可以看出，由各个组成因子提取出来的第一个公因子的方差比重为 39.469%，说明第一个主成分在 39.469% 的概率上能够反映各个组成因子的变化，第二个公因子的方差比重为 30.994%，两者之和超过 70% 的临界值，说明如果用两个主成分来分析，能够在 70.463% 的概率上能够反映各个组成因子的变化，这说明抽取两个主成分是适当的。

图 1-4 相应给出了农业发展要素投入条件竞争力表现指标主成分的特征值的相对比重指标。

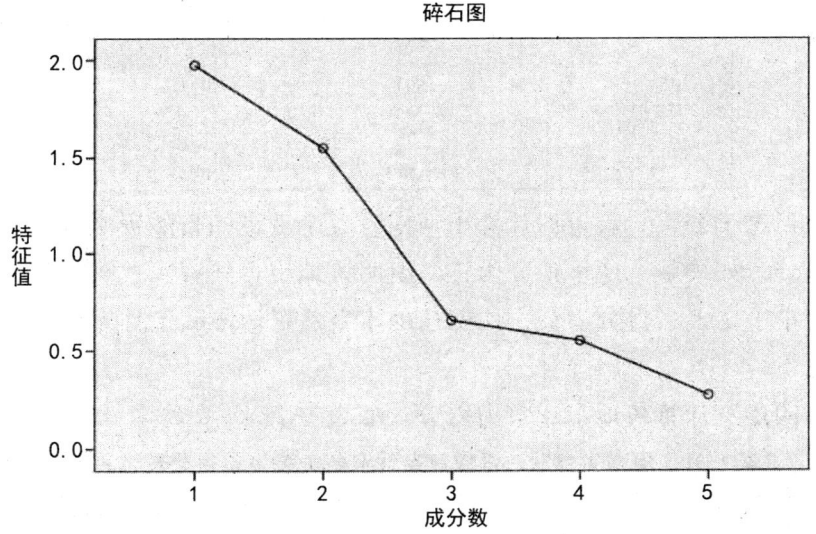

图 1-4 农业发展要素投入条件竞争力因子分析碎石图

可以看出，农业发展要素投入条件竞争力的第一和第二个因子所在曲线的斜率较大，而后三个因子散点所在曲线的斜率较小，从三个因子所处位置来看其特征值的值均小于 1，这说明农业发展要素投入条件竞争力至多只能考虑前两个公因子。

第三步分析因子载荷矩阵，如表 1-30 所示：①农业发展要素投入条件竞争力公因子 F1 在常住人口、死亡率、抚养系数、文盲人口占 15 岁及以上人口比重上的载荷值都较大，可称为人口因子；②公因子 F2 在第三产业从业人员所占比重、城镇化水平和旅客周转量上的载荷值较大，代表区位因子；③综合得分 F 的计算公式为：

$$F = (F1 \times 39.469 + F2 \times 30.994) / 70.463$$

其含义就是先用各因子得分乘以其方差贡献率，然后计算这个值占三个因子总方差贡献率的比重。

表 1-30　自然资源禀赋条件竞争力因子载荷矩阵

成分矩阵 a		
	成分	
	1	2
y1	.171	−.819
y2	.771	.487
y3	.691	.500
y4	.720	−.439
y5	−.594	.446

根据这个公式，就可以计算出河南省各个地市的自然资源禀赋条件竞争力得分，如果某个地市得分为正，说明该地市自然资源禀赋条件竞争力在平均水平之上；得分为负，说明该地市自然资源禀赋条件竞争力在平均水平之下。

第四步，计算各地市竞争力得分。如表 1-31 所示。

表 1-31　河南省自然资源禀赋条件竞争力各地市得分及排名表

各地市	F1	F2	F3	排名
郑州	−0.20731	2.13861	0.824569	3
开封	−0.59815	−0.69321	−0.63996	14
洛阳	1.34138	0.26845	0.86944	2
平顶山	0.73247	−1.54517	−0.26937	12
安阳	0.18931	0.11933	0.158529	8
鹤壁	−0.93556	1.75722	0.248889	7
新乡	0.66068	−0.00767	0.366699	5
焦作	0.1383	0.61504	0.347999	6
濮阳	−0.82138	−0.63914	−0.74122	15
许昌	0.05	−0.29616	−0.10226	10
漯河	−0.59744	0.00995	−0.33027	13
三门峡	1.7382	−0.96483	0.549243	4

续表

各地市	F1	F2	F3	排名
南阳	0.82753	−0.99756	0.024744	9
商丘	−0.88752	−0.63917	−0.77828	16
信阳	−1.58809	−0.31856	−1.02967	18
周口	−1.0777	−0.72556	−0.92281	17
驻马店	−0.73722	0.36473	−0.25252	11
济源	1.77252	1.55369	1.676265	1

从表1-31可以看出，河南省农业自然资源禀赋条件竞争力前五名的地市分别是济源、洛阳、郑州、三门峡和新乡，后五名的地市分别是开封、濮阳、商丘、周口和信阳。河南省18个地市中，农业自然资源禀赋条件竞争力在平均水平以上的有9个地市，农业自然资源禀赋条件竞争力在平均水平以下的有9个地市。

（四）农业发展规模实力竞争力

第一步，进行计量分析检验，检验结果如表1-32所示，其中KMO值为0.321，而巴特莱特值为167.628，伴随的显著性概率为0.000，小于0.01临界值，说明因子协方差矩阵不是一个单位阵，农业规模竞争力适合作因子分析。根据计量经济学检验标准，当综合因子的解释率大于或等于70%时，就可以认定提取的公因子能够反映提取前各个因子所包含大部分信息，而提取后的各个公因子之间彼此间并不相关。

表1-32 农业规模竞争力的KMO和Bartlett's检验

取样足够度的 Kaiser-Meyer-Olkin 度量		.321
Bartlett 的球形度检验	近似卡方	167.628
	df	28
	Sig.	.000

第二步，分析提取出来的主成分（公因子）的特征值以及主成分的方差比重，以确定有几个公因子能够作为反映总体情况的指标，表1-33给出了能够代表农业规模竞争力的公因子的特征值及主成分的方差比重。

表 1-33 农业规模竞争力表现指标主成分的特征值及方差比重数据表

解释的总方差						
成分	初始特征值			提取平方和载入		
	合计	方差的%	累积%	合计	方差的%	累积%
1	3.497	43.715	43.715	3.497	43.715	43.715
2	1.548	19.352	63.067	1.548	19.352	63.067
3	1.070	13.369	76.436	1.070	13.369	76.436
4	1.048	13.096	89.532	1.048	13.096	89.532
5	.522	6.530	96.062			
6	.225	2.808	98.870			
7	.090	1.129	99.999			
8	.000	.001	100.000			
提取方法：主成分分析。						

从表 1-33 可以看出，由各个组成因子提取出来的第一个公因子的方差比重为 43.715%，说明第一个主成分在 43.715% 的概率上能够反映各个组成因子的变化，第二个公因子的方差比重为 19.352%，两者之和超过 70% 的临界值，说明如果用两个主成分来分析，在 43.715% 的概率上能够反映各个组成因子的变化，这说明抽取两个主成分是适当的。

相应的，图 1-5 这幅碎石图给出了农业规模竞争力表现指标主成分的特征值的相对比重指标。由下图 1-5 可见，农业规模竞争力的第一和第二个因子所在曲线的斜率较大，而后六个因子散点所在曲线的斜率较小，从五个因子所处位置来看其特征根的值均小于 1，这说明农业规模竞争力至多只能考虑前三个公因子。

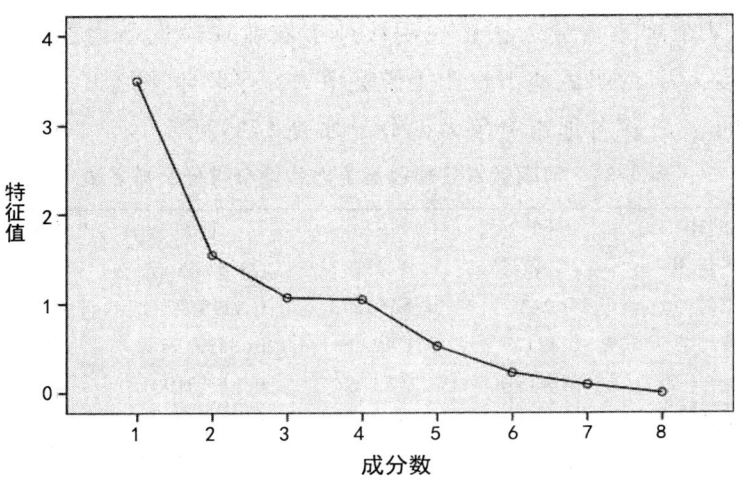

图1-5 农业规模竞争力因子分析碎石图

第三步,分析因子载荷矩阵,如表1-34所示,①公因子F1表示地区农林牧渔总产值占全省农林牧渔总产值的比重,地区农业产值占全省的比重上的载荷值较大,称为农业规模竞争力公因子;②公因子F2表示地区渔业产值占全省的比重和地区人均水产品产量,比重上的载荷值较大,代表渔业规模竞争力投入因子;③综合得分F的计算公式为:

$$F=(F1\times 43.715+F2\times 19.352)/89.532$$

其含义就是先用各因子得分乘以其方差贡献率,然后计算这个值占两个因子总方差贡献率的比重。

表1-34 农业规模竞争力因子载荷矩阵

成分矩阵 a		
	成分	
	1	2
y1	.986	−.083
y2	.963	−.103
y3	.589	.330
y4	.879	−.194
y5	.661	.548
y6	.114	−.472
y7	.052	−.545
y8	−.163	.751

根据这个公式，就可以计算出河南省各个地市的农业规模竞争力得分，如果某个地市得分为正，说明该地市农业规模竞争力在平均水平之上；得分为负，说明该地市农业规模竞争力在平均水平之下。

第四步，计算各地市竞争力得分。如表 1-35 所示。

表 1-35　河南省农业规模竞争力各地市得分及排名表

地市	F1	F2	F	排名
郑州市	−0.4945	1.3398	0.068357027	7
开封市	0.2431	−0.91273	−0.111567741	8
洛阳市	0.42109	1.12339	0.636591548	5
平顶山市	−0.44318	0.54762	−0.139151901	9
安阳市	−0.25483	−1.16859	−0.535218288	13
鹤壁市	−1.12562	−0.62711	−0.972651643	18
新乡市	−0.03082	−0.48233	−0.169366354	10
焦作市	−0.69205	−0.7821	−0.719681944	16
濮阳市	−0.56454	−0.33582	−0.49435701	12
许昌市	−0.18616	−0.58634	−0.308955685	11
漯河市	−0.85787	−0.71927	−0.815340433	17
三门峡市	−1.09541	0.57462	−0.582959408	14
南阳市	1.54186	−0.1004	1.037930664	2
商丘市	0.80217	−0.91782	0.274389125	6
信阳市	1.75899	2.10093	1.863914675	1
周口市	1.40014	−0.73577	0.74473360460	4
驻马店市	1.21311	−0.07569	0.817640264	3
济源市	−1.63546	1.75762	−0.594289569	15

从表 1-35 可以看出，河南省农业规模竞争力前五名的地市分别是信阳市、南阳市、驻马店市、周口市和洛阳市，后五名的地市分别是鹤壁、漯河、焦作、济源和三门峡。河南省 18 个地市中，农业规模竞争力在平均水平以上的有 4 个地市，农业规模竞争力在平均水平以下的有 14 个地市。

（五）农业相关产业实力竞争力

第一步，进行计量分析检验，检验结果如表 1-36 所示，其中 KMO 值为 0.534，而巴特莱特值为 90.670，伴随的显著性概率为 0.000，小于 0.01 临界值，说明因子协方差矩阵不是一个单位阵，农业相关产业实力竞争力适合作因子分析。根据计量经济学检验标准，当综合因子的解释率大于或等于 70% 时，就可以认定提取的公因子能够反映提取前各个因子所包含大部分信息，而提取后的各个公因子之间彼此间并不相关。

表 1-36　农业相关产业实力竞争力的 KMO 和 Bartlett's 检验

取样足够度的 Kaiser-Meyer-Olkin 度量		.534
Bartlett 的球形度检验	近似卡方	90.670
	df	21
	Sig.	.000

第二步，分析提取出来的主成分（公因子）的特征值以及主成分的方差比重，以确定有几个公因子能够作为反映总体情况的指标，表 1-37 给出了能够代表农业相关产业实力竞争力的公因子的特征值及主成分的方差比重。

表 1-37　农业相关产业实力竞争力表现指标主成分的特征值及方差比重数据表

解释的总方差						
成分	初始特征值			提取平方和载入		
	方差的 %	累积 %	合计	合计	方差的 %	累积 %
1	3.272	46.737	46.737	3.272	46.737	46.737
2	1.487	21.245	67.982	1.487	21.245	77.982
3	1.160	16.570	84.552			
4	.737	10.530	95.082			
5	.273	3.896	98.978			
6	.041	.581	99.560			
7	.031	.440	100.000			
提取方法：主成分分析						

从表 1-37 可以看出，由各个组成因子提取出来的第一个公因子的方差比重为 46.737%，说明第一个主成分在 46.737% 的概率上能够反映各个组成因子的变化，第二个公因子的方差比重为 21.245%，两者之和超过 70% 的临界值，说明如果用三个主成分来分析，能够在 46.737% 的概率上

反映各个组成因子的变化，这说明抽取三个主成分是适当的。

图 1-6 碎石图给出了农业相关产业实力竞争力表现指标主成分的特征值的相对比重指标。由下图 1-6 可见，农业相关产业实力竞争力的第一、第二和第三个因子所在曲线的斜率较大，而后五个因子散点所在曲线的斜率较小，从五个因子所处位置来看其特征值的值均小于 1，这说明农业相关产业实力竞争力至多只能考虑前三个公因子。

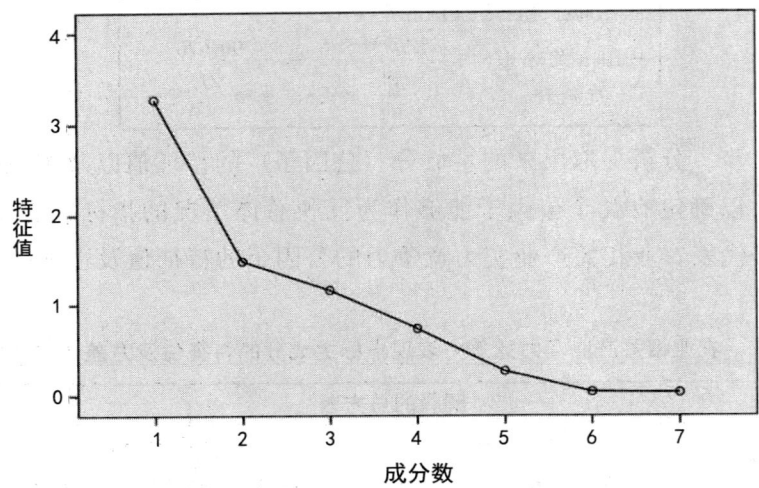

图 1-6　农业相关产业实力竞争力因子分析碎石图

第三步分析因子载荷矩阵，如表 1-38 所示：①公因子 F1 在非农产业从业人员比重、人均工业产值、人均交通运输仓储及邮电通信业 GDP 值、人均批零贸易及餐饮业 GDP 值和非农产业从业人员比重上的载荷值都较大，可称为非农产业实力因子；②公因子 F2 在第三产业 GDP 占地区 GDP 比重、第三产业 GDP 指数和农林牧渔服务业占农林牧渔总产值的比重比重上的载荷值较大，代表就业服务因子；③综合得分 F 的计算公式为：

$$F = (F1 \times 46.737 + F2 \times 21.245) / 77.982$$

其含义就是先用各因子得分乘以其方差贡献率，然后计算这个值占三个因子总方差贡献率的比重。

表 1-38 农业相关产业实力竞争力因子载荷矩阵

	成分	
	1	2
y1	.864	.044
y2	.851	-.467
y3	.890	.158
y4	.972	.136
y5	.191	.912
y6	-.050	.470
y7	-.155	.413

根据这个公式，就可以计算出河南省各个地市的农业相关产业实力竞争力得分，如果某个地市得分为正，说明该地市农业相关产业实力竞争力在平均水平之上；得分为负，说明该地市农业相关产业实力竞争力在平均水平之下。

第四步，计算各地市竞争力得分。如表 1-39 所示。

表 1-39 河南省农业相关产业实力竞争力各地市得分及排名表

地市	F1	F2	F3	排名
郑州	2.93691	1.55134	2.503900955	1
开封	-0.59413	1.42302	0.036256191	8
洛阳	0.50547	1.23201	0.732523409	2
平顶山	-0.30836	0.11602	-0.175735608	10
安阳	-0.10001	-0.26011	-0.150043378	9
鹤壁	-0.06851	-0.84374	-0.310779681	12
新乡	-0.07867	0.36678	0.060539047	7
焦作	0.71297	-0.32966	0.387134264	3
濮阳	-0.69074	-1.15703	-0.836461824	18
许昌	0.20105	-0.10958	0.103973995	6
漯河	-0.40115	-1.3942	-0.711491327	16
三门峡	0.80452	-0.93251	0.261675033	5
南阳	-0.73547	0.22986	-0.433791542	14
商丘	-0.80411	0.69071	-0.336958878	13
信阳	-0.74352	1.00841	-0.196018585	11
周口	-1.07455	-0.0817	-0.764271176	17

续表

地市	F1	F2	F3	排名
驻马店	−0.96934	0.50161	−0.50964857	15
济源	1.40765	−2.01124	0.339201424	4

从表 1-39 可以看出，河南省农业相关产业实力竞争力前五名的地市分别是郑州、洛阳、焦作、济源和三门峡，后五名的地市分别是南阳、驻马店、漯河、周口和濮阳。河南省 18 个地市中，农业相关产业实力竞争力在平均水平以上的有 8 个地市，农业相关产业实力竞争力在平均水平以下的有 10 个地市。

（六）农业发展结构实力竞争力

第一步，进行计量分析检验，检验结果如表 1-40 所示，其中 KMO 值为 0.510，而巴特莱特值为 275.678，伴随的显著性概率为 0.000，小于 0.01 临界值，说明因子协方差矩阵不是一个单位阵，农业发展结构实力竞争力适合作因子分析。根据计量经济学检验标准，当综合因子的解释率大于或等于 70% 时，就可以认定提取的公因子能够反映提取前各个因子所包含大部分信息，而提取后的各个公因子之间彼此并不相关。

表 1-40 农业发展结构实力竞争力的 KMO 和 Bartlett's 检验

取样足够度的 Kaiser-Meyer-Olkin 度量		.510
Bartlett 的球形度检验	近似卡方	275.678
	df	36
	Sig.	.000

第二步，分析提取出来的主成分（公因子）的特征值以及主成分的方差比重，以确定有几个公因子能够作为反映总体情况的指标，表 1-41 给出了能够代表农业发展结构实力竞争力的公因子的特征值及主成分的方差比重。相应的，图 1-7 的碎石图给出了农业发展结构实力竞争力表现指标主成分的特征值的相对比重指标。

从表1-41可以看出,由各个组成因子提取出来的第一个公因子的方差比重为35.689%,说明第一个主成分在45.689%的概率上能够反映各个组成因子的变化,第二个公因子的方差比重为28.501%,两者之和超过70%的临界值,说明如果用两个主成分来分析,能够在74.190%的概率上能够反映各个组成因子的变化,这说明抽取两个主成分是适当的。

表1-41 农业发展结构实力竞争力表现指标主成分的特征值及方差比重数据表

解释的总方差						
成分	初始特征值			提取平方和载入		
	合计	方差的%	累积%	合计	方差的%	累积%
1	3.212	45.689	45.689	3.212	45.689	45.689
2	2.565	28.501	74.190	2.565	28.501	74.190
3	1.805	20.057	84.247			
4	1.051	11.674	95.922			
5	.347	3.861	99.782			
6	.011	.128	99.910			
7	.004	.049	99.959			
8	.002	.028	99.987			
提取方法:主成分分析。						

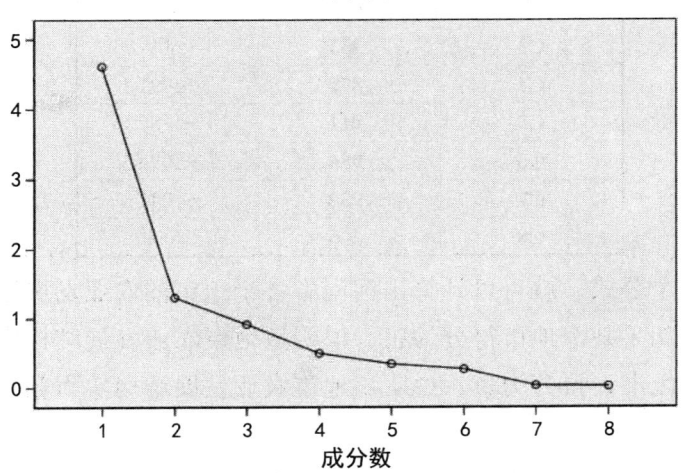

图1-7 农业发展结构实力竞争力因子分析碎石图

由上图 1-7 可见，农业发展结构实力竞争力的第一和第二个因子所在曲线的斜率较大，而后六个因子散点所在曲线的斜率较小，从六个因子所处位置来看其特征值的值均小于 1，这说明农业发展结构实力竞争力至多只能考虑前两个公因子。

第三步，分析因子载荷矩阵，如表 1-42 所示：①农业发展结构实力竞争力公因子 F1 在经济发展支撑力竞争力、自然资源禀赋条件竞争力、农业发展要素投入条件竞争力、农业规模竞争力、农业相关产业竞争力、农业发展结构实力的载荷值都较大，可称为农业发展结构实力因子；②公因子 F2 自然资源禀赋条件竞争力、农业发展要素投入条件竞争力、农业规模竞争力、农业相关产业竞争力、农业发展结构实力的载荷值较大，代表要素投入因子；③综合得分 F 的计算公式为：

$$F = (F1 \times 45.689 + F2 \times 28.501) / 74.190$$

其含义就是先用各因子得分乘以其方差贡献率，然后计算这个值占两个因子总方差贡献率的比重。

表 1-42　农业发展结构实力竞争力因子载荷矩阵

	成分	
	1	2
C1	−.150	.813
C2	.668	.463
C3	.253	.609
C4	.872	−.091
C5	.911	−.187
C6	.984	−.096
C7	.932	−.042
C8	.806	.052

根据这个公式，就可以计算出河南省各个地市的农业发展结构实力竞争力得分，如果某个地市得分为正，说明该地市农业发展结构实力竞争力在平均水平之上；得分为负，说明该地市农业发展结构实力竞争力在平均水平之下。

第四步，计算各地市竞争力得分。如表 1-43 所示。

表 1-43 河南省农业发展结构实力竞争力各地市得分及排名表

地市	F1	F2	F	排名
郑州	0.71808	0.53469	0.636653162	5
开封	−0.40174	−0.84877	−0.60022541	14
洛阳	−0.58189	2.40414	0.743934641	2
平顶山	0.70023	0.69688	0.698742569	4
安阳	−1.01449	−0.44058	−0.759668709	16
鹤壁	2.11936	−1.0528	0.710891936	3
新乡	0.32883	−0.68712	−0.122261096	11
焦作	0.11863	−0.49801	−0.155163802	12
濮阳	0.14865	−0.08007	0.047096227	7
许昌	0.23657	−0.24027	0.024848677	9
漯河	1.07068	−0.72856	0.271800977	6
三门峡	−1.84106	−0.35564	−1.181519929	18
南阳	−0.71389	−0.29029	−0.525807724	13
商丘	−1.04153	−0.59128	−0.84161488	17
信阳	−0.99039	1.2332	−0.003095695	10
周口	−0.74743	−0.51804	−0.645578741	15
驻马店	0.54916	−0.62735	0.026778795	8
济源	1.3422	2.08985	1.674163441	1

从表 1-43 可以看出，河南省科技农业发展结构实力竞争力前五名的地市分别是济源、洛阳、鹤壁、平顶山和郑州，后五名的地市分别是开封、周口、安阳、商丘和三门峡。河南省 18 个地市中，农业发展结构实力竞争力在平均水平以上的有 9 个地市，农业发展结构实力竞争力在平均水平以下的有 9 个地市。

（七）各项竞争力的汇总分析

将河南省各地市农业竞争力的所有指标汇于表 1-44 中进行进一步分析。

表 1-44 河南省各地市农业竞争力各项指数数据汇总表

地市	经济发展支撑条件竞争力指标	自然资源禀赋条件竞争力指标	农业发展要素投入条件竞争力指标	农业规模竞争力指标	农业相关产业实力竞争力指标	农业发展结构实力竞争力指标
郑州	13.41142649	0.112566821	0.824568535	0.068357027	2.503900955	0.636653162
开封	-3.232063673	0.009341019	-0.639963179	-0.111567741	0.036256191	-0.60022541
洛阳	4.137194726	-0.112263262	0.869440021	0.636591548	0.732523409	0.743934641
平顶山	-0.160492052	-0.054722025	-0.269374831	-0.139151901	-0.175735608	0.698742569
安阳	0.191236483	0.069375516	0.158528533	-0.535218288	-0.150043378	-0.759668709
鹤壁	-0.416539761	0.058186449	0.248888694	-0.972651643	-0.310779681	0.710891936
新乡	-0.570763213	0.248913406	0.366698953	-0.169366354	0.060539047	-0.122261096
焦作	2.296330187	0.12673298	0.347999296	-0.719681944	0.387134264	-0.155163802
濮阳	-2.203436549	-0.025086659	-0.741219746	-0.49435701	-0.836461824	0.047096227
许昌	0.477524902	-0.034763325	-0.102262257	-0.308955685	0.103973995	0.024848677
漯河	-1.273130555	0.092528866	-0.330272874	-0.815340433	-0.711491327	0.271800977
三门峡	2.692029187	-0.276844288	0.549242731	-0.582959408	0.261675033	-1.181519929
南阳	-2.676128061	-0.261496563	0.024744229	1.037930664	-0.433791542	-0.525807724
商丘	-4.498579708	0.08753785	-0.77828054	0.274389125	-0.336958878	-0.84161488
信阳	-3.587300459	0.028218259	-1.029673363	1.863914675	-0.196018585	-0.003095695
周口	-5.409564036	0.000723014	-0.922807375	0.744733604	-0.764271176	-0.645578741
驻马店	-5.12397491	-0.034120991	-0.252515257	0.817640264	-0.50964857	0.026778795
济源	5.946291972	-0.034828203	1.676265234	-0.594289569	0.339201424	1.674163441

河南省各地市农业竞争力各项指数排名如表 1-45 所示。

表 1-45 河南省各地市农业竞争力各项指数排名汇总表

地市	经济支撑条件竞争力排名	政策支撑条件竞争力排名	自然资源禀赋条件竞争力排名	农业发展要素投入条件竞争力排名	农业规模竞争力排名	农业相关产业实力竞争力排名	农业发展结构实力竞争力排名
郑州	1	13	3	3	7	1	5
开封	12	17	9	14	8	8	14
洛阳	3	4	16	2	5	2	2
平顶山	10	10	15	12	9	10	4

续表

地市	经济支撑条件竞争力排名	政策支撑条件竞争力排名	自然资源禀赋条件竞争力排名	农业发展要素投入条件竞争力排名	农业规模竞争力排名	农业相关产业实力竞争力排名	农业发展结构实力竞争力排名
安阳	11	8	6	8	13	9	16
鹤壁	9	15	7	7	18	12	3
新乡	8	9	1	5	10	7	11
焦作	5	16	2	6	16	3	12
濮阳	13	6	11	15	12	18	7
许昌	6	11	13	10	11	6	9
漯河	7	18	4	13	17	16	6
三门峡	4	7	18	4	14	5	18
南阳	14	1	17	9	2	14	13
商丘	18	12	5	16	6	13	17
信阳	15	3	8	18	1	11	10
周口	16	5	10	17	4	17	15
驻马店	17	2	12	11	3	15	8
济源	2	14	14	1	15	4	1

河南省各地市农业竞争力各项指数排名如图1-8所示。

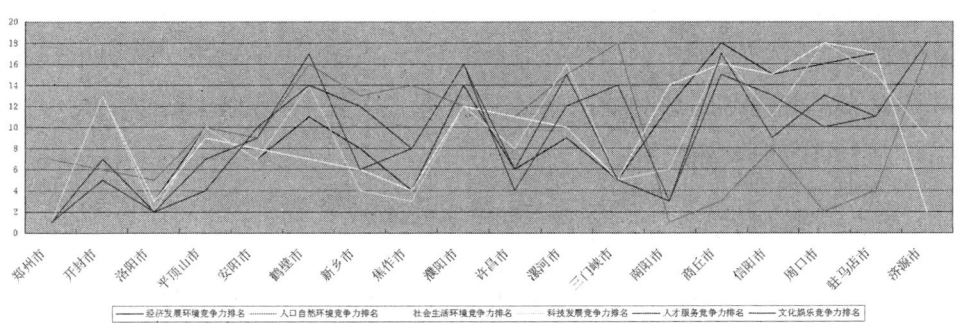

图1-8 中原城市群九城市金融竞争力排名

在河南省18个地市中，郑州市经济发展支撑竞争力和农业相关产业实力竞争力均排名第一，政策支撑条件竞争力之外虽然排名第十三，但是其他各项指标仍然高于河南省各地市该项指标的平均水平，说明郑州市的科技农业竞争力在河南省18个地市中最强；洛阳市在七个指标中三个指标排在第二位,一个指标排在第三位,一个指标排在第四位,一个指标排在第五位,且各项指标均高于河南省各地市该项指标的平均水平;济源和三门峡虽然自然资源禀赋条件竞争力指标和农业规模竞争力指标排名靠后,但是经济发展支撑条件、农业发展要素投入条件、农业规模等指标排名靠前,两个地市在农业竞争力各指标上有一些共同特征;而开封、商丘、周口、驻马店、信阳和南阳六个地市在农业竞争力各指标上有一些共同特征,各项指标排名都比较靠后;其他 7 个地市在农业竞争力各指标上也存在一些共同特征。

四、 河南省各地市农业竞争力的聚类分析

(一)数据与方法说明

聚类分析(Cluster Analysis)是根据事物本身的特性研究个体分类的方法,聚类分析的原则是同一类中的个体有较大的相似性,不同类的个体差异很大。

本文在因子分析的基础上,使用 SPSS17.0 多元统计分析软件,将样本地市的科技农业综合竞争力得分作为聚类变量,进行分层聚类来划分各地市农业竞争力的等级。本文采用系统聚类,运用类平均法,选择欧氏距离平方法,最终得到聚类谱系图,从而将河南省 18 个地市的农业竞争力区分为不同的梯度等级。

(二)聚类过程

在软件中输入经过标准化处理的河南省各地市相关指标排名数据,如表 1-46 所示。

表 1-46 河南省各地市经过排名的农业竞争力指标

地市	经济支撑条件竞争力排名	资源禀赋条件竞争力排名	要素投入条件竞争力排名	政策支持条件竞争力排名	农业规模竞争力排名	农业相关产业实力竞争力排名	农业发展结构实力竞争力排名
郑州	1	3	3	13	7	1	5
开封	12	9	14	17	8	8	14
洛阳	3	16	2	4	5	2	2
平顶山	10	15	12	10	9	10	4
安阳	11	6	8	8	13	9	16
鹤壁	9	7	7	15	18	12	3
新乡	8	1	5	9	10	7	11
焦作	5	2	6	16	16	3	12
濮阳	13	11	15	6	12	18	7
许昌	6	13	10	11	11	6	9
漯河	7	4	13	18	17	16	6
三门峡	4	18	4	7	14	5	18
南阳	14	17	9	1	2	14	13
商丘	18	5	16	12	6	13	17
信阳	15	8	18	3	1	11	10
周口	16	10	17	5	4	17	15
驻马店	17	12	11	2	3	15	8
济源	2	14	1	14	15	4	1

按照分层聚类的要求进行计算，得到如下结果。表 1-47 为所处理数据的基本信息，表 1-48 为欧氏不相似系数平方矩阵，表 1-49 显示了聚类的凝聚过程。

表 1-47 所处理数据的基本信息

案例处理摘要 a						
案例						
有效		缺失		合计		
N	百分比	N	百分比	N	百分比	
18	100.0%	0	.0%	18	100.0%	
a.重调整比例已取反绝对值平方 Euclidean 距离已使用						

共 18 例样本进入聚类分析，采用相关系数测量技术。先显示各变量间的相关系数，这对于后面选择典型变量十分有用。

表 1-48 聚类的凝聚过程

阶	群集组合		系数	首次出现阶群集		下一阶
	群集1	群集2		群集1	群集2	
1	13	17	1.000	0	0	7
2	4	10	.996	0	0	12
3	15	16	.986	0	0	7
4	5	7	.983	0	0	8
5	6	11	.981	0	0	12
6	2	14	.945	0	0	13
7	13	15	.930	1	3	9
8	5	8	.916	4	0	11
9	9	13	.876	0	7	13
10	3	18	.850	0	0	15
11	1	5	.826	0	8	14
12	4	6	.816	2	5	14
13	2	9	.776	6	9	17
14	1	4	.772	11	12	16
15	3	12	.690	10	0	16
16	1	3	.663	14	15	17
17	1	2	.539	16	13	0

该表显示聚类间平均链锁法的合并进程。从中可以看出各个组别中最相似的地市而且可以得出聚类的分部过程和过程的联系程度。

表 1-49 群组成员示意图

案例	2 群集	3 群集	4 群集	5 群集	6 群集
郑州	1	1	1	1	1
开封	2	2	2	2	2
洛阳	1	3	3	3	3
平顶山	1	1	1	4	4
安阳	1	1	1	1	1
鹤壁	1	1	1	4	4
新乡	1	1	1	1	1
焦作	1	1	1	1	1

续表

案例	2 群集	3 群集	4 群集	5 群集	6 群集
濮阳	2	2	2	2	5
许昌	1	1	1	4	4
漯河	1	1	1	4	4
三门峡	1	3	4	5	6
南阳	2	2	2	2	5
商丘	2	2	2	2	2
信阳	2	2	2	2	5
周口	2	2	2	2	5
驻马店	2	2	2	2	5
济源	1	3	3	3	3

从合并过程可以看出两个方面的规律：第一，相邻地市的农业竞争力具有较相似的特征。在合并过程的第一步就是豫南地区的南阳市和驻马店市，第二步合并的是平顶山市和许昌市。第二，具有较相似农业竞争力特征的不同地市经济社会发展程度比较一致，如第三步合并的信阳市和周口市，第四步合并的安阳市和新乡市，分别属于两种不同的农业发展模式地区。

下面的数据（图1-9）更直观地表达了聚类树状间的关系。南阳、驻马店、周口和信阳先聚合后再与其他城市聚合，其他地市当中安阳、新乡和焦作首先聚合在一起，在后来参与聚合的城市当中，三门峡、洛阳与济源的相似程度最高。

```
CASE    0    5    10   15   20   25
LabelNum +----+----+----+----+----+

  南阳    13 -+-----+
  驻马店  17 -++    +
  信阳    15 -+----++----------+
  周口    16 -+|    +----------+
  濮阳     9 -------------+    ||
  开封     2 -----+-------+----+|
  商丘    14 -----+|           |
  安阳     5 -+-------+|       |
  新乡     7 -++      +|       |
  焦作     8 ---------++-----+ |
  郑州     1 ----------------++-------+|
  平顶山   4 -+------------+|||
  许昌    10 -++-----+     |||
  鹤壁     6 ---+    +-----++------+
  漯河    11 ---+|
  洛阳     3 -----------------+-------+|
  济源    18 --------------------++---+
  三门峡  12 -------------------------+
```

图 1-9 聚类树形图

（三）聚类结果分析

表 1-50 河南省各地市农业竞争力聚类结果

梯度聚类数	郑州、安阳、新乡、焦作	开封、商丘	洛阳、济源、三门峡	平顶山、鹤壁、许昌、漯河	南阳、信阳、周口、驻马店、濮阳
2	1	2	1	1	2
3	1	2	3	1	2
4	1	2	3	1	4
5	1	2	3	4	5

表 1-50 给出了河南省各地市农业竞争力的聚类结果。由表可以看出，郑州、安阳、新乡、焦作的农业竞争力发展具有共同的特征：经济支撑能力较强、资源禀赋条件较好，农业发展要素投入充足。开封、商丘的农业竞争力发展具有共同的特征：两市同处于黄河中下游平原、资源禀赋条件相对较好，但农业发展结构较为单一，纯农业发展特征明显。洛阳、三门峡、济源三市的农业竞争力发展具有共同的特征：资源禀赋条件较差，农业发展偏重依赖要素投入。平顶山、鹤壁、许昌、漯河的农业竞争力发展具有共同的特征：农业规模较小，农业发展要素投入不足但农业发展多样化结构已经形成。南阳、信阳、周口、驻马店、濮阳属于传统的黄淮农业发展区域，农业竞争力发展具有共同的特征：政府政策支持力度较大，农业发展规模较大，规模效应明显，但经济发展中农业占比重较大，农业发展外部经济条件较为落后。

五、 结论与建议

（一）结论

根据因子分析和聚类分析的结果可以看出，河南省各地市科技农业的竞争力存在较大差异，大致有五个类型：

第一种类型是资源禀赋促进型，主要是郑州、安阳、新乡和焦作市。这些地市处于传统农业高速发展地区，经济支撑能力较强、资源禀赋条件较好，农业发展要素投入充足。

第二种类型是政府政策扶持型，主要是南阳、信阳、周口、驻马店和濮阳。这些地市属于传统的黄淮农业发展区域，农业竞争力发展具有共同的特征：政府政策支持力度较大，农业发展规模较大，规模效应明显，但经济发展中农业占比重较大，农业发展外部经济条件较为落后。

第三种类型是结构优化发展型，主要包括平顶山、鹤壁、许昌、漯河。这些地市农业规模较小，农业发展要素投入不足但农业发展多样化结构已经形成，农林牧渔业协调发展格局已经呈现。

第四种类型是要素投入支撑型，主要包括洛阳、济源和三门峡市，这些地市主要是地处山区，因此农业竞争力普遍较低。资源禀赋条件较差，农业发展偏重依赖要素投入。

第五种类型是结构相对单一型，主要包括开封和商丘市，两市同处于黄河中下游平原、资源禀赋条件相对较好，但农业发展结构较为单一，纯农业发展特征明显。

（二）政策建议

提升农业发展竞争力是各地市农业发展的共同任务，现阶段要提升农业竞争力，各地市必须因地制宜，在发展农业产业集群、构建新型农业经营主体两个方面下功夫。

1.发展特色农业产业化集群发展的总体思路

各地市可以紧紧围绕加快农业产业化集群发展的目标任务，以"全链条、促聚集、高定位、强支撑、创品牌、拓功能"为具体着力点，落实政府引导、企业主导、政策扶持、社会参与的工作方针，立足资源、产业优势，以基地建设为基础，以培育壮大龙头企业为重点，以产品研发和推动产品结构升级为关键，着力构建农产品加工增值链、资源循环利用链、质量全程控制链有机融合的新型农业产业体系，着力构建各类主体协同发展、生产效益合理分享的产业集群协作发展机制，尽快将一批发展潜力大、市场前景好、带动能力强、有利于促进消费升级的集群做大、做强、做优，为加快农业现代化进程提供支撑。

（1）大力培育新型农业产业化经营主体，在培育大型企业集团和产业集团上实现新突破

家庭农场、专业大户、专业合作社和龙头企业是农业产业化经营的主体，是推动农业产业化集群发展的骨干力量。应积极支持承包土地向家庭农场、专业大户、专业合作社流转，发展多种形式的适度规模经营。综合运用各种政策、资源，支持龙头企业做强做大。对一些产能过剩的行业，如面粉、油脂等，积极推进省内企业的整合重组，打造一批企业集团。积极运用市场机制，按产业链推进企业联合，培育一批产业集团。

(2) 坚持把招商融资作为带动集群发展的战略性举措

实践表明,招商融资是培育发展农业产业化集群最有效、最快捷的途径。应进一步加大招商力度,围绕集群产业链的核心环节、薄弱环节,广泛开展招商引资活动,力争吸引更多的知名企业、大项目落户河南。鼓励和吸引大型工商企业、外资企业、私营企业和个人投资者等从事农产品生产加工,形成多元化投资格局,打造各类生产要素集聚平台,形成共同推进集群发展的格局。继续开展多种形式的银企对接活动,切实加强与金融机构合作,推动更多的龙头企业上市融资,缓解集群发展的融资难问题。

(3) 把发展集群同产业升级和结构调整同步推进

不抓传统优势产业,我们就没饭可吃;不抓高成长性、高附加值和新兴产业,我们就会永远跟在人家后面跑,永远落后。应把发展集群同产业升级、结构调整同步谋划、同步推进。一方面抓面粉、油脂、畜禽加工、果品、蔬菜等传统优势产业改造提升,大力开发新产品,积极发展精深加工,延长产业链条,向产业链高端发展。另一方面,大力发展高成长性、高附加值和新兴产业。突出抓好成长性好、市场潜力大的奶业和肉牛产业,食品产业中附加值高的休闲食品、方便食品、保健食品,各地市有产业基础和资源优势的生物制药等产业的发展。

(4) 把集群发展同促进区域经济发展和农民增收有机地结合起来

发展集群的目的是促进区域经济发展和农民增收。应积极鼓励龙头企业通过建立示范性生产基地,引导农民开展规模化、标准化农业生产,提高农民的种养水平;建立完善与农民的利益联结机制,确保农民的收益;积极吸纳农村富余劳动力就地转岗就业,增加农民收入。充分发挥龙头企业的带动作用,通过大企业带小企业,企业带专业合作社,专业合作社带农户,实现集群内各生产经营主体协同发展,进而促进区域经济发展。

(5) 努力发挥信息化对农业产业化集群发展的引领作用

以"指挥智能化、管理信息化、风险预警化、应急常态化"为目标,优先打造集生产监测预警、动物疫病防控、质量安全监管可追溯、技术指导服务为一体的信息平台,融合电子商务、视频会商、质量追溯、应急管理、期货交易等功能,率先实行物联网,实现政府、业务管理部门、集群和市场之间的无缝对接，全面提升农业产业化集群的信息化水平，以信息化促进和服务于集群建设的快速发展。

(6) 促进生态循环经济与农业产业化集群融合发展

围绕农业产业化集群，以畜牧业为纽带，着力构建"植物生产—动物转化—微生物还原"的循环经济圈。要优化畜禽生产结构，积极建设奶牛、肉牛等草食型畜牧产业化集群，通过秸秆养畜过腹还田，将玉米秸秆等丰富的饲草饲料资源转化为产业优势和经济优势。要积极推行畜禽清洁生产，研究制定好畜禽养殖排泄物治理及综合开发利用规划，实现源头控制减量化、种养结合资源化、科学处置无害化。鼓励支持龙头企业实行土地流转，建立与集群建设相配套的畜禽粪污土地消纳、种植食用菌、饲养蚯蚓、生产有机肥、沼气发电等产业，推进畜禽养殖废弃物的资源化利用，促进农牧有机结合、良性互动发展。

(7) 进一步推进有利于农业产业化集群发展的体制机制创新

积极支持产业化集群建立科技研发平台，充分发挥集群内龙头企业的科技创新主体作用，联合科研单位、大学院校进行广泛的产学研合作，着力破解关键核心技术，在重点领域和关键技术研究上取得新突破。探索完善产业化集群内龙头企业与饲料、兽药、养殖、物流之间的利益联结机制，着力打造纵向和横向的产业联盟，推进产业化集群高效融合发展。创新投融资机制，采取政府扶持、企业股份制合作方式成立畜牧产业化集群担保公司，破解集群发展融资难、担保难。发挥河南省畜牧业投资担保公司的作用，为畜牧产业化集群担保机构提供再担保增信服务，提高融资担保能力。积极推行农业保险，扩大保险覆盖面，最大限度地降低产业化集群因疫病、自然灾害、市场风险等带来的损失。积极引进国内外先进的设施设备，着力打造专业技术队伍，为产业化集群建设提供强有力的技术支撑。

2. 构建新型农业经营主体的总体思路

各地市可以以农业规模化、标准化、生态化为基本方向，围绕保障主要农产品基本供给、提高农业综合效益、增进农民利益的基本目标，坚持政府引导、农民主体、分类推进，不断完善农业经营体制机制，形成以家庭承包农户为基础，专业种养大户、家庭农场和合作农场、农民专业合作社、农业龙头企业为骨干，其他组织形式为补充的新型农业经营主体队伍。

一是，大力培育专业种养大户和现代职业农民。立足提升传统农民，引入新型农民，着力培育一批骨干农民，推动农业经营主体职业化。支持有文化、懂技术、会经营的农村实用农业带头人和农村青年致富带头人，通过流转土地等多种方式，扩大生产规模。支持高等院校、中等职业学校毕业生以及农业科技人员从事农业创业。支持外出务工农民、个体工商户、农村经纪人等返乡从事农业开发。

二是，支持发展家庭农场。鼓励有一定规模的种养大户成立家庭农场，符合登记条件的可以申领个体工商户或个人独资企业营业执照。鼓励农户以土（林）地承包经营权作价入股农民专业合作社或者以林权出资成立公司。支持引导合作农场将股份合作的土地进行整理规划，引进专业种养大户或专门生产经营管理人员，发展标准化、生态化、专业化生产。

三是，提升壮大农民专业合作社。深入开展以示范社创建活动，提高农民专业合作社运行质量。开展农民专业合作社联合社试点，在试点地区允许农民专业合作社以法人身份按产业链、产品、品牌等组建联合社，着力打造一批大社强社。支持农民专业合作社独立或联合其他生产经营组织兴办加工、流通服务业，完善生产设施，扩大产销对接，提升生产经营、市场开拓和组织带动能力。开展农民专业合作社信用体系建设，建立诚信评价体系。鼓励有条件的农民专业合作（联）社兴办农村资金互助社，拓展服务功能。积极支持农民专业合作社联合会为合作社提供农产品展示展销、委托代理财务、联合兴建服务设施、协调信用授信等服务，促进农民专业合作社间的分工与合作。

四是，大力发展农业服务组织。加快构建以公共服务机构为依托、合作经济组织为基础、农业产业化龙头企业为骨干、其他社会力量为补充，公益性服务和经营性服务相结合、专项服务和综合服务相协调的新型农业服务体系。全力抓好基层农业公共服务体系建设，逐步改善服务条件，增强服务功能。发挥农民专业合作社在农业社会化服务中的基础作用，支持其开展农业生产性全程服务和专业化服务。支持规模养殖场联合成立农民专业合作社，开展统一饲料供应、兽药配送、排泄物综合利用和屠宰加工等服务。发挥农业产业化龙头企业、供销社在农产品加工仓储、农业生产资料供应和市场建设中的骨干作用，做好农业产前、产后服务。村经济合作社要做好为家庭承包农户的服务。

第二章 河南乡村振兴实体现状及提振对策

一、河南省农业发展进程中的企业主体进入机制研究

农业是人类赖以生存和发展的基础,随着农业生产力水平的提高和商品经济的发展,资本主义生产关系进入了农村,这便形成了农业企业。14世纪,英、法等国就出现了最早的资本主义性质的农业企业——租地农场。在产业革命以后,各种形式的资本主义农业企业,如家庭农场、合作农场、公司农场、联合农业企业等大力发展,成为农业生产的基本经济单位。我国的农业企业在1949年以前很少,中华人民共和国成立以后才迅速发展起来。1979年以后,随着改革开放和农村商品经济的发展,农业企业出现了多种形式。农业企业成为我国农业生产的主力军之一。目前,我国农业正面临着严峻的考验,由于自身资源和国内市场需求不足,制约了农业的发展,在国际市场上具有很大的竞争压力。农业是万业之母,河南省作为农业大省更应该着力培育和提升农业企业竞争力、推进现代农业建设。我们必须认识到人才培养、企业技术创新、信息化建设的重要性,并不断改善和发展这些软硬实力才能更好地发展农业。

(一) 河南省企业主体进入农业发展进程存在的问题

河南省企业主体进入农业发展进程主要存在以下几个方面的问题。

1.企业人才准备不足

就目前来说,农业企业的主体仍然是农民,农民的文化素养、专业知识等普遍不高,有知识、会管理、懂经营、年纪轻的从业人员较少,基层技术服务人员数量偏少,农业专业技术人员更是供不应求,这些将制约农

业企业的发展。所以必须提高农业企业主体整体的素质与专业知识，培养农业企业领域专业的人才，只有这样才能推动农业企业的发展。

2.企业面临融资困难局面

"融资难、成本高"是河南省农业企业发展过程中的一个问题。由于河南省农业企业总体存在着发展水平不高、经济实力不强、有效资产不多等问题，很多金融机构对农业企业的信贷服务设置了许多限制，从而造成了融资难的问题，严重制约了农业企业的发展。因此，河南省要着力于改善农业企业的现状，不断增强农业企业的实力，加大金融机构对农业企业的资助，通过这些措施缓解农业企业融资困难的问题。

3.农业企业技术含量不高

目前，河南省大部分的农业企业科技力量薄弱，缺乏专业的技术型人才，生产和加工技术比较落后，技术创新能力较低，没有与高校和科研单位形成良好的交流与合作，从而导致河南省农业企业发展缓慢。科技是第一生产力，没有良好的技术条件，农业企业就无法取得较快较好的发展。河南省农产品的优良品种和大多数先进加工技术设备主要依靠国外引进，在技术的吸收、消化和提高上较为被动，产品、工艺的更新改造艰难，质量和品种大众化，产品普遍存在增值能力低、科技含量低、市场占有率低等现象。在这种技术环境下，农业企业难以实现跨越性的发展。

（二）河南省加快企业主体进入农业发展进程的对策

河南省的农业企业目前还处于起步阶段，在发展过程中，不免存在一些问题。这些问题的存在制约了农业企业的发展，然而解决这些问题也不可能一蹴而就，它是一个循序渐进的过程。就目前情况而言，河南省可以从以下几个方面改善农业企业发展现状。

1.加快人才队伍建设

在科技快速发展的今天，一个企业竞争力的高低取决于其人才的多少，企业的竞争在某种意义上就是人才的竞争。农业企业的发展一要积极培育新型职业农民，加强对农民专业的培训，增强其文化素质和专业技能，另外选拔一大批有发展潜力的农民进行集中培训，使他们成为掌握先进农业科学技术、懂得企业管理和市场营销、熟悉国家政策法规的新型农民。二要积极鼓励和引导"农民企业家""返乡农民工""创业大学生"等群体参与新型农业经营主体，大力支持"大学生村官"在新型农业经营主体中创业和就业。加快人才队伍建设是推进农业企业化健康快速发展的关键。

2.加大扶植引导力度

由于河南省农业企业发展过程中存在着融资难的问题，因此要加大政府和金融机构对农业企业的扶植与引导。一方面，要扩大金融机构的服务领域，增加对农业企业的资金投放，并开列农业企业贷款专项资金项目，如农业企业基金、农业风险投资基金等，大力支持农业企业发展，另一方面，要积极发展农村各类金融组织，构建受法律制约的、规范的、多样化的新型农村金融体系，并加强金融机构的竞争和专业化分工，搞活农村金融市场，解决资金短缺问题，促进农业发展。

3.推动企业技术创新

科技是第一生产力。河南省农业当前的转变与跨越发展靠科技为支撑，未来的发展也将更多地依赖科技，只有不断推动科技的进步，才能使河南农业更好更快地发展。目前，河南省农业企业的科技含量不高，许多先进设备与技术都引自国外，农业发展效益低下。现阶段河南省应着力于加快农业企业的技术创新，要全面地拓宽农业技术合作领域，加强农业企业与高校科研机构的合作与交流，以提高农业企业开发新技术、新产品的能力，通过运用高新技术改造传统农业，从而带动产业升级与结构调整，不断提高农业生产的效率，进而增加农业的经济效益。鼓励企业对技术创新的研究与探索，提供专项科研经费供研发使用，从而推动农业技术不断进步与发展。

4.加快信息化建设

随着信息时代的到来，企业要想在繁杂的市场中脱颖而出，就必须抓住每一个有用的信息。河南省的农业企业要想长足地发展下去，就必须提升自身的竞争力,充分利用信息技术,力争市场竞争的主动权。要加强农业信息发展的规划和管理,加大财政投入,加强农业信息基础设施的建设,整合开发农业信息资源,创新农业信息服务形式,着力在市场预警、农业科技应用、产品销售等方面为农业经济发展提供高效快捷服务,以促进现代农业建设。

5.完善农业社会化服务体系

将合作社等涉农企业作为重要的对接平台来建设。相关职能部门应通过政策扶持、项目带动、税收优惠、金融支持、完善社会化服务体系、优化生产经营环境等措施,提升农民合作社、家庭农场、种养大户等新型农业经营主体的发展和带动能力,促进其规范发展。农民专业合作社是农民在家庭承包经营的基础上,由同类农产品的生产经营者或者同类农业生产经营服务的提供者、利用者,自愿联合、民主管理的互助性经济组织,是联结分散农户与大市场的桥梁纽带,是提高农民组织化程度、促进土地资源合理配置和规模经营、推动传统农业向现代农业转变的重要组织形式。目前,河南省农民专业合作社的主要运作模式有龙头企业领办型:以从事农产品加工、销售、科研等业务为主的农业龙头企业为依托,吸收相关农户组建的专业合作社,实行"龙头企业+农民专业合作社+农户"的产业化经营的发展模式,做到真正的利益密切联结,为合作社提供产前、产中、产后服务。能人大户领办型:由农村能人、农民经纪人、种粮大户、农机大户等牵头组建"农民专业合作社+农户+基地"的农民专业合作社发展模式,发挥其技术、资金、销售渠道等优势,将农民组织起来,形成统一、整体的行业和产业优势,促进农民增收。农产品行业协作型:以从事农产品生产、销售、加工的企业、农户等为主体,按照自愿互利的原则,以产品和技术为纽带组建农民专业合作组织,为会员提供市场、技术等信息服务。农民专业合作社在提高农民的组织化程度、增加农民收入等方面起到了重要作用。相关职能部门要通过政策扶持、项目带动、税收优惠、金融支持、完善社会化服务体系、优化生产经营环境等措施,提升农民合作社、家庭农场、种养大户等新型农业经营主体的发展和带动能力,促进其规范发展。

二、河南省完善农业经营体系问题研究

当前,我国农业经营体系正在发生深刻变革,正由分散的小农经济加快向社会化的生产转变。这个大背景之下,工商资本下乡,在从事农业投资与生产,支持农户提高生产集约化方面;在发展联户经营、专业大户和家庭农场,发展多种形式的新型农民合作组织方面;在构建新型农业社会化服务体系,实现"小生产"与"大市场"的有效对接等方面都大有可为。我国农业发展正面临"五化"(农村空心化、务农老龄化、要素非农化、农民兼业化、农业副业化)、"双高"(高成本、高风险)、"双紧"(资源环境约束趋紧、青壮年劳动力紧缺)的新情势。如何进一步突破制约农业经营的各种瓶颈障碍,有效解决明天"耕地谁来种""畜禽怎样养""农业靠谁兴"等问题,须从经济角度给出解决"三农问题"的基本途径,而保障农业经济和农村社会的健康发展,已经成为急待研究和解决的重大而紧迫课题。随着农村改革不断深入,农村出现了土地转包、出租、互换、转让、股份合作等形式,土地在农户之间流转,农地逐步向种田能手集中,专业大户、家庭农场、农民专业合作社等新型农业经营主体大量涌现,农业新型生产经营体系日渐成型。由农民专业合作社、各类种植大户、专业化统防统治实体、农业社会化服务公司等构成的新型农业经营体系将成为未来农资购买与消费的主体。

(一)河南省新型农业经营体系的现状

截至 2018 年底,河南省各类新型农业经营主体发展到 28 万家,其中:依法登记的农民专业合作社 18 万家,数量居全国第二位,在工商部门登记的家庭农场 5 万户。从调研情况看,河南省新型农业经营主体的发展有以下几个特点:

一是带动能力逐步增强。初步统计,各类新型职业农民超过 53 万人,农业社会化服务组织 8.8 万个,其中农业生产托管服务组织 2.5 万个,托管服务土地面积 2533 万亩,在引领农民发展特色产业,实行规模化、专

业化、标准化、品牌化生产经营等方面显示出强劲活力。

二是合作形式日益多样。出现了"合作社+社员""合作社+种养大户""龙头企业+合作社+农户"等多种合作组织模式,以及土地股份合作、联合社、资金互助合作、加工合作等多种合作形式,利益链接更为紧密。

三是运行机制不断规范。通过建立财务管理和会计核算等内部管理制度,部分农民合作组织提留了公积金、公益金。新型农业经营主体不断发展壮大,加快了农业科技成果转化,降低了农业生产成本,促进了土地集约利用和农产品质量提高,拓宽了农民增收渠道,增加了农业基础设施及技术装备投入,提高了农业的市场化程度,强化了工业化城镇化人力资源保障。

(二) 河南省新型农业经营体系发展存在的主要问题

调研发现,当前制约河南省新型农业经营主体发展的问题主要有:

一是,土地流转滞后、土地确权工作正在进行,土地流转平台尚未普遍建立,土地流转及监管机制不完备。乡村干部中不愿推进土地流转和采取行政手段强迫农民流转土地现象同时存在,削弱了农民自愿流转土地积极性。农村社会保障体系不健全,农民担心土地流转后生活、养老等问题得不到保障。

二是,融资瓶颈亟待打破。金融机构的担保、授信标准高,新型农业经营主体普遍面临贷款困难、手续繁杂、隐性费用高等问题。政策性金融机构支农责任有待加强。

三是,内部管理有待加强。许多农民合作组织、家庭农场运行不规范,没有正式注册登记,经营者对本组织的运行宗旨、机构设置、职责划分等没有清晰的认识,管理者与会员之间的权责没有明确的界定。

四是,财政支持政策有待健全。现有的财税支持政策分散在不同的政策法规及规章制度中,支持政策有待系统化。个别涉农补助项目福利化,没有形成农业补贴同粮食生产挂钩机制,有的流出土地的农民不用种粮也可获得各项补贴,而流入土地的新型农业经营主体种粮却得不到补贴。

（三）推进河南省新型农业发展进程的对策

近年来，在中央和河南省委、省政府政策的指导引领下，河南省新型农业经营体系发展迈出了坚实步伐，在新型农业现代化中的积极作用初步显现出来，但是也面临一系列难题亟待破解。需要进一步明确政策目标，完善政策机制，增强政策的前瞻性、针对性和协同性，充分发挥财政在构建新型农业经营体系中的职能作用。必须做好以下几个方面。

1.支持新型农业经营主体进行土地流转、土地承包经营权分散在农户

政府推动土地流转的着力点，一方面是要建立和完善土地流转公共服务体系，另一方面是要加强社会保障体系建设，弱化农民在社会保障方面对土地的依赖。要落实好这一项目，需要做好以下工作，首先，要开展土地确权，这是土地承包经营权分散在农户的基础，还要建设土地流转服务与监管平台，只有一个良好有效的平台，这一工作才能高效有序地进行。其次，完善农村社会保障体系，只有做好社会保障工作，农民才会减少对土地的依赖，才能更好地发展新型农业。

2.支持新型农业经营主体加强基础设施建设

农业基础设施是新型农业经营主体内在的迫切需求，因此必须重视农业基础设施建设。政府应加强以下三方面的机制建设，强化新型农业经营主体在农业基础设施建设与管护方面的主体地位。一是建立财政支农项目与新型农业经营主体对接机制。二是建立财政支农项目资产移交新型农业经营主体机制。三是建立新型农业经营主体资产管护长效机制。

3.支持新型农业经营主体进行的人才培养，从而加快新型农业经营主体的发展

应最大限度地使农民和涉农专业的大中专毕业生受益，为此，应创造使更多的农民和涉农专业毕业生成为合格的新型农业经营人才的条件。应抓好三个方面：第一，加强新型职业农民和新型农业经营主体领办人教育培训；第二，鼓励涉农学科大中专毕业生进入新型农业经营体系；第三，鼓励科研院所与新型农业经营主体合作培养人才。鼓励新型农业经营主体充分利用大专院校、科研院所技术力量雄厚、教育资源丰富的优势，采取走出去、请进来的办法，通过现场教学等多种方式加快生产经营管理人才培育。

4.支持新型农业经营主体开展农业社会化服务

新型农业经营主体是农业生产全程社会化服务体系的重要供给力量。要持之以恒地发挥新型农业经营主体在健全农业生产全程社会化服务体系中的作用，需要做好以下三个方面。一是，支持新型农业经营主体提供社会化服务；二是，支持科研院所与新型农业经营主体合作提供社会化服务；三是，改进财政对公益性服务组织经常性经费支持办法。

5.支持新型农业经营主体充分运用现代信息技术辅助生产与销售

现代信息技术提升了农业现代化水平，新型农业经营体系应该促进计算机技术、通信技术、微电子技术、光电技术、遥感技术等信息技术普遍应用于农业生产的全过程中，在提高精准高效农业生产管理水平的同时，破解"产品销售需求数据从哪里来""农产品市场需求变化往哪里去"等难题，另外推动农业种植业生产管理、农产品市场监测、农产品销售方式等的信息化。

6.支持新型农业经营主体开展合作经营

各类新型农业经营主体在产业发展方面具有能够互相提供原料的优势，要通过政策的引导，促进各类新型农业经营主体开展合作经营，形成互相支持、互为依托、利益共享、风险共担的经济共同体。要逐步实现种植类、组织与养殖类、种养类、组织与加工类等企业的合作。

7.支持新型农业经营主体缓解融资困难的问题

要发挥财政资金的导向作用，引导金融机构加大对农业生产经营组织的支持力度，帮助解决新型农业经营主体资金瓶颈制约的问题。要解决这一问题，应抓好以下三个方面。第一，落实好现有政策。第二，探索建立共同基金。第三，鼓励农业产业化龙头企业为农民专业合作组织增信。

三、河南省都市农业的发展问题与对策研究

都市农业是指在工业化、城市化的大城市内部和外部周边地区（含近郊及远郊），以大城市所提供的各生产要素为依托，并紧密服务于大城市，集经济、社会、生态效益于一体的高层次、多形态的现代新型农业，都市农业的核心是可持续发展。随着城市生态、用地、人口等问题的日益突出。都市农业作为一种新兴的产业，对于协调城市经济发展和建立和谐的都市社会显得越来越重要。

河南省作为全国的农业大省，承接东西及南北的重要中部省会，发展都市农业具有重要的现实意义。

（一）河南省发展都市农业的条件

河南都市农业的发展具有以下有利条件：

1.社会经济条件

河南是中部崛起的重要省份，河南经济整体水平平稳、高速发展。河南在中部崛起发展战略中，紧抓机遇搞发展，经济实力得到大幅提升，已经成为后起的经济强省之一。

2.自然生态条件

河南省位于我国中东部地区，拥有二三级地貌台阶，土地资源丰富，总面积达 16 万平方千米，多样的地形、广阔的土地特别适合农业多方面发展。不仅如此，河南境内还有黄河贯穿其中。河南拥有较丰富的气候资源，如光能、热量、水资源，河南多年平均降水量较多，为农业发展提供了充足的水资源。

3.人口和人力资源优势

河南省的科研机构数目众多，特别是农林方面的科学研究在国内属于先进水平，这些机构对于河南省科技创新能力的提高起着重要的作用。源源不断的高级人才和科技创新为都市农业的发展提供了良好的条件。河南还是个人口众多的省份，人力资源丰富，有丰富的劳动力。

另外，河南交通条件十分优越。国家正大力加强中部地区的发展，为中部地区的发展提供物力财力、政策法规等各个方面的支持。

（二）河南省都市农业存在的问题

从总体上看，河南省都市农业处在起步阶段，还不能适应河南省城乡差距的突出矛盾，发展还存在许多问题，主要表现在以下几方面。

1.农业从业人员素质普遍偏低

农业从业人员整体的素质不高，初中及以下学历的人员约占80%。这就导致了农业从业人员在知识方面和技术方面都有着很大的局限性。不仅如此，还存在农业生产成本较高、生产效益低下、农民收入少、增长速度慢、城乡居民收入差距逐渐拉大等问题。

2.农业信息服务体系不健全

目前，很多农产品总量处于过剩的状态，但又有许多具有高质量有特色的农产品供应不足。信息服务在农产品市场中占有至关重要的地位，而河南省农业信息服务体系不健全，主要体现在以下几个方面：一是，都市农业网络信息建设滞后。在广大农村，很多农民获取信息的方式是通过电视广播，信息量小，传播速度比较慢。二是，农业人员对农业科学知识掌握十分匮乏，对信息技术的了解也特别少。三是，满足农民需要的信息量偏少，尽管现在是互联网时代，科学技术水平较高，信息交流平台也较多，但有关农业方面的信息还是比较少的。

3.农业产业结构不均衡

农村第一、第二、第三产业发展情况较慢，农民收入中来自第二、第三产业的收入较低，甚至还不足20%，粮食在种植业中仍占有举足轻重的地位，由于品种不够先进、优良，农民生产的优质农产品较少，对农产品的再加工也较少，利用率低，农民的收入也少，因此农业结构需要进一步大幅度调整。

4.体制性障碍

农业基础设施薄弱的状况比较明显，投入机制和配套设施较差，另外,没有形成规模化、产业化经营,河南省的农业基础较好,但是大都属于粗放型生产,并没有形成产业规模化。这就使得都市农业发展的效率比较低,农业经营模式单一,河南省农业经营模式存在过于单一和严重滞后等一系列问题,已经严重制约着河南省农业经济发展。

5.生态环境的恶化

在城市化、工业化、现代化三驾马车带动下,河南省社会经济取得了迅猛发展,同时也带来生态破坏和环境污染等严重的问题,特别是城市化的推进使得大量农田变成非农业用地,致使耕地资源锐减,对都市农业发展产生了巨大的压力。同时在现代农业生产过程中,使用了大量的化学产品,如化肥、农药、除草剂、农膜等,对环境造成了严重的污染,不仅如此,农产品的质量安全也得不到保证,使农民自身的健康也受到了威胁。城市工业废水和生活废水的乱排乱放,人们生活垃圾日益增多,白色污染越来越严重,对河南省的生态体系造成了严重破坏,城市生态环境越来越脆弱。

(三) 河南省都市农业发展新对策

1.加强对农业人员的培训,全面提高农业人员素质

提高农业从业人员素质水平,加强对务农人员的培训力度,建设一支可以更好地投身都市农业建设中的高素质人才化的队伍;要在都市农业发展过程中积极引进各个省份各个城市甚至国际化的先进农业生产技术,提高农业的科技含量,充分发挥都市农业的示范作用,提高都市农业的影响力;积极通过各种方式各种渠道去发展农业生产的科学技术,以适应河南省都市农业的发展方向和要求。对农业人员的培训不仅要因地制宜,还要因人制宜,要根据本地区的情况针对性地对从农人员进行素质培训。建立和完善农业人员的培训机制体制。

2.建立健全农业信息服务体系,提高信息服务水平

信息在这个时代具有至关重要的作用,信息获取的及时有效性在农业生产中起着越来越重要的作用,在这个大数据时代,信息瞬息万变,加强

信息的获取已变得尤为重要。河南作为农业大省、人口大省，必须提升和完善农村信息化服务系统，不断提高农业信息化水平。加强推广农村互联网覆盖范围，做到家家户户足不出户即可获得农业信息，不断对农村信息网络服务平台进行完善。同时应加大农业信息量的提供，加快建设完善农业信息服务系统，开通农业信息服务热线，方便从农人员查询农业信息，河南省财政应加大对农业信息建设的投资，建设高效及时的信息体系，创建一支为农业信息服务的高效率团队，提高农业信息服务水平。

3.合理规划、调整农业产业结构

应对都市农业进行周密细致的规划，并将其纳入整个城市经济社会发展的总体规划中，积极推进循环农业和旅游观光农业发展，着眼拓展都市农业的生活服务、生态环保、休闲体验、观光旅游功能，发展循环农业。在发展第二、第三产业的同时，加大对第一产业的发展，发展现代化高效率的都市农业。因地制宜，根据河南省各地区的不同地形、不同特点，制定不同的发展方式，不断调整农业产业结构，形成高竞争、高效益的新型特色农产品产业。

4.完善都市农业发展的机制体制

发展都市农业，必须加大农业的投入，尤其是对农业科技的投入，完善农业基础性设施以及农业配套设施，优化农业生产条件，积极提升农业生产水平。优先加强水、电、路、信等基础设施建设，为都市农业发展创造良好的环境。改变单一的生产经营模式，使其朝着多元化方向发展。在实现农业经营模式转变过程中，首先，要做到坚持以市场为导向，只有以市场为导向，才能将资源优势转换成经济优势；其次，在资金投入上要建设多元化投资渠道，政府加大财政支出是必不可少的，同时还要加大多渠道多方式的招商引资，完善和建立现代农业经营生产过程中所需要的资金链条。积极稳妥地进行土地流转，通过土地流转和整合，推进地区农业朝着规模化、产业化、现代化的方向发展。

5.加强生态环境建设，严加管制土地资源的浪费和过度开发，减少对现有耕地的占用

坚决保障农用耕地底线，坚决维护城市公共绿地面积，为城市居民提供充足的人均绿地占有量；加强环境污染监督，完善相关法律法规，健全合理的环境保护奖惩制度，坚决取缔污染严重的企业，为环保企业提供免税等一系列优惠政策。

第三章 农产品流通现状及对策研究

第三章 农产品流通现状及对策研究

一、绪论

流通是联结亿万小规模农户生产与亿万居民家庭消费的关键环节，也是复杂的农业产业链条中不可或缺的重要环节。特别是近几年来，我国农业和农村经济发展进入了一个新阶段，一些新问题出现在农产品流通领域。党中央、国务院非常重视农产品流通体系的建设，在2020年中央下发的一号文件中，针对农产品卖难、流通损耗大等现代农业的堵点，强调启动农产品仓储保鲜冷链物流设施建设工程。同时，有效开发农村市场，扩大电子商务进农村的覆盖面，支持农村供销合作社、邮政快递企业等延伸乡村物流服务网络，加强村级电商服务站点建设，推动农产品进城、工业品下乡双向流通。可以说，在新时期新背景下，农产品流通体系的优化已成为解决"三农"问题的关键所在。

（一）研究背景及研究意义

1. 研究背景

近年来，我国农产品市场出现了农产品滞销的怪现象：2015年3月，陕西省礼泉县出现近百万斤贡梨滞销；4月，作为全国番茄主要产区之一，浙江温州苍南遭遇大面积番茄滞销；5月，安徽长丰遭遇草莓滞销，全县损失超1.5亿元；同月，福建南安百万斤杨梅滞销……

2018年，大蒜由以往的"蒜你狠"变身"蒜你惨"，以往每千克八九元降到每千克最低0.6元。原先每千克15元的独蒜，价格断崖式下跌

70%。内蒙古的马铃薯也已跌至每千克 0.3 元,而在山东马铃薯每千克零售价则高达 5 元。在云南,已成为摇钱树的咖啡变成了连保本收入都难的负担。

面对这些现象,媒体在呼吁、政府部门在组织促销,甚至一些地方领导走上街头直接叫卖。这些做法,有的的确缓解了一些燃眉之急,但终究不是长久之计。落后的农产品流通体系、过高的农产品流通成本是导致这些现象的"罪魁祸首"。要想彻底解决这些问题,就要对我们现有的农产品流通体系进行优化,建立起一套科学的、完整的、市场化的农产品流通体系,找到农产品流通成本过高的症结所在,降低农产品流通成本。

2. 研究意义

从理论上讲,农产品流通就是农产品从供给方出发,经过一定的流通节点和渠道到达需求方的过程。与强调地域分工、追求规模经济、崇尚集聚发展的生产性行业不同,专门承担农产品流通职能的流通产业具有显著的广域性、网络性和流动性特征。因此,要发挥流通产业的战略价值进而提升农业经济的整体效率,除了强化其组织化程度、规范化程度、资源丰裕度、技术先进性之外,更重要的是增进其流动性。

流通产业依托流通渠道驱动农产品流通。农产品流通的动力源于流通起点与流通终点之间的价差。一般而言,价格越低的流通节点,农产品向外流动的动力越强;反之则动力越弱。农产品总是从低价格节点向高价格节点流动。农产品流通的阻力来自流通过程中的成本。流通过程中的成本越高,则流通的阻力就越大,价差形成的流通动力就溃散得越快。在农产品流通过程中,流通节点价差赋予农产品流通动力,推动农产品市场覆盖范围不断扩大;同时流通成本也在不断消耗价差,当差价被流通成本消耗殆尽,农产品流通也便到达了市场的边界。

伴随着农产品流通发展战略的实施,农产品流通节点价差的扩大和流通成本的节约将为农业经济体系注入强大的流通动力。基于高效率的流通,经济发展将由生产主导下静态化、慢节奏、高成本的刚性态势向流通承载下动态化、快节奏、低成本的柔性态势转化,并随之产生系统的民生改善效应。

一是保增长效应。农产品流通动力既可以通过在农产品流通产业中逐级释放,转化为农产品流通产业对农业经济增长的贡献;也可以增强农业经济体系的活力,深入挖掘农业经济增长的潜力。

二是增收入效应。流通动力释放引致的市场范围扩大和渠道效率提升,还将全面推动农产品生产的农产品化和农产品销售的市场化,进而从根本上解决农产品的"卖难"和定价问题,推动农民增收。

三是调物价效应。一方面可以降低农产品流通成本,以此制衡由要素价格上涨和供求态势转化带来的通胀压力;另一方面可以借助流通节点价差的扩大,突破各类市场障碍,为实现物资或要素的大范围流转提供高效的渠道条件和价格手段。四是扩内需效应。首先,流转成本的节约进而农产品价格的降低将直接扩大消费需求;其次,随着产业分工的深化、市场范围的扩大,质优价廉、形式多样、供给充分的农产品将把潜在需求转化为现实消费;再次,市场秩序的整顿、诚信经营的普及将全面增强城乡居民的消费信心;此外,农产品渠道的健全和信息系统的优化,还将强化农产品信息的透明性和可追溯性,从而最终保证消费安全。

我国是农业大国,农产品流通已成为困扰我国农业经济发展最重要的因素。本研究对我国农产品流通的现状进行分析,探寻制约其发展的因素,找出解决办法,提出适当的对策,解决农业小生产和大市场的矛盾,切实起到保障农产品顺畅流通的积极作用,使农业走向规模经营,增加农民收入,进而带来农民收入多元化,具有重要的现实意义。

(二)国内外研究现状

随着生产力的提高和科技的进步,国内外学者认为制约农产品进一步发展的因素已逐步转变为农产品流通问题。以下将具体阐述国外学者对农产品流通问题的研究现状。

1. 国外研究现状

流通的概念是商流、物流和信息流的总和,而国外对于农产品流通体系的研究文献较少,其研究主要集中在农产品流通问题上,而在农产品流通问题中又主要集中于农产品物流方面。由于农产品物流是制约农产品流通的关键因素，所以国外关于此类的研究以农产品物流为重中之重。

国际上市场经济发达国家的农产品市场体系主要有以日本为代表的东亚模式、美国模式以及西欧模式。各国农产品的流通具有共同性和差异性，共同性反映了农产品的流通特点，而差异性则反映了不同的国情。市场模式的形成受体制政策、资源多少、经济发展水平和社会文化背景等多种因素的影响。

地处东亚地区的日本、韩国以及我国台湾的农产品流通，形成了以批发市场为主渠道、以拍卖制为特征的农产品市场体系。这些国家和地区的特点是人多地少，以家庭为单位的小规模农业生产方式。主要粮食流通实行政府控制、统一管理，而蔬菜、水果及水产品等鲜活农产品实行自由流通，批发市场是鲜活农产品流通的主要渠道。主要畜产品、禽、蛋、奶等的流通，基本上由农产品加工业垄断资本控制，加工程度高。东亚国家和地区的批发市场比较发达、规范，形成了自己的特色，有一套比较完整的法规和管理办法。

日本于1923年制定了《中央批发市场法》，指导批发市场的建设和管理。目前，日本全国有农产品批发市场1600多家，其中中央批发市场多家，基本覆盖了全国城乡，担负着生鲜农产品流通的主要任务。几十年来，这些批发市场网络在保障供给、繁荣市场、维持社会稳定和促进经济发展方面发挥了重要作用。

韩国农产品批发市场体系基本上是模仿日本建立的。1951年韩国制定的《中央批发市场法》后改为《农水产品批发市场法》《农水产品流通及价格安定法》，其内容上基本是照搬日本的。法定批发市场的规范化程度高，有政府投资建的公营批发市场和政府资助、民间集资建的批发市场两种类型；另外还有农协共同批发市场、零售商人的零售兼批发市场等几种形式。

美国农产品市场体系的特点：粮食类期货市场发达，果蔬类经由批发市场渠道销售的不到2%，产地直销占8%以上。农产品直销是生产者或生产者团体在产地将产品分级、包装处理后直接送往大型超市、零售连锁店或配送中心，减少了中间环节，降低了流通成本。由过去的城市终端批发市场为主渠道演变为直销为主渠道的市场模式，是与美国经济、技术发展的背景相关联的。一方面，由于美国的家庭农场规模大，实行机械化作业、企业化经营，形成了一种大生产的格局。另一方面，零售连锁经营网络和超级市场的发展使零售商的规模和势力不断增大，要求货源稳定、供货及时，产地直销的大流通形式应运而生。在现有的城市终端批发市场上，采取一次批发、二次批发的协商交易方式，一般不实行拍卖制。

美国在1930年制定了《鲜活农产品法》《农产品销售协定法》等法规，由联邦政府农业部市场销售局负责实施和检查执行情况，在保证公正交易、防止欺诈行为、调节供求水平和维持流通秩序方面起到了监督和保障作用。法国、英国、意大利、荷兰、德国等欧盟国家都有农产品批发市场。各国批发市场在形式上有所不同，多数大型批发市场仍然坚持公益性原则。如法国1953年颁布了批发市场法，在全国指定了23个农产品批发市场为国家公益性批发市场。荷兰、法国、意大利、比利时等国家的一些农产品批发市场都采用了拍卖交易方式。统一卫生标准、统一规格包装、保证质量、讲究信誉，是西欧农产品批发市场的共同特点。同时，与美国相似，西欧国家的超市零售业的连锁经营发展较快，形成连锁集团，自己建立统一购货配送中心，与产地实行直挂直销。

从以上市场经济发达国家的市场模式比较看，国外关于流通业、农业流通业的理论研究正呈现出日益扩展、深化、精细之势，这些研究对中国现代农业流通业的发展有着重要的借鉴作用。

2.国内研究现状

国内关于农产品流通的研究是近些年才发展起来的，研究主要集中在农产品流通中存在的问题、改革的必要性以及改革的内容这几个方面，以下分别加以阐述。

（1）关于农产品流通中存在的问题研究

第一，关于市场主体的研究熊若愚在《继续深化农产品流通体系改革》中指出，市场主体的形成和强大对农产品流通市场的发育起着至关重要的作用，在农产品流通体系改革过程中培育市场主体的任务最为艰巨，也最为迫切，必须作为重点首先突破。周颖在《我国农产品流通现状分析

与对策研究》、缪其贵在《搞活农产品流通的实践与思考》中都指出,我国农产品流通中市场主体缺位的缘由可归结为以下几个方面:

首先,我国现阶段实行的是家庭联产承包责任制,农业生产的主体是农民家庭,其小规模分散式经营,限制了其专业化程度与新技术的采用和抵御自然灾害与市场风险的能力。其次,目前农村社区性合作经济组织兴办的流通实体实质上都很难与农民结成利害与共、风险共担的利益共同体,因此不可能真正代表农民利益、代表农民成为市场主体。第三,部分国有流通企业目前仍在部分农产品流通中居垄断地位,但随着农产品供求关系的变化和市场化进程的推进,其流通份额逐步下降,主渠道作用逐渐丧失。最后,目前进入农产品流通领域的农村经纪人、运销大户等数量少,农产品流通效率不高,整体队伍素质不高,缺乏足够的抵御市场风险的能力和开展系列服务的功能。

第二,关于市场环境的研究。秦学、赵勇在《深化农产品流通体系改革,完善农产品市场体系》中指出我国目前市场建设与市场经济所要求的市场体系相差甚远。周颖等学者认为其主要表现在以下几个方面:一是盲目建设,缺乏统一布局。二是市场管理制度不健全,行政干预现象十分严重。三是重销地市场轻产地市场建设。四是市场交易规模小、市场硬件设施建设落后。五是市场交易方式落后,现代营销方式不成气候。缪其贵在《搞活农产品流通的实践与思考》中指出,我国农产品价格由市场形成和决定的制度基础尚未完善,与之相关的农产品市场体系和运行规则尚未健全,市场价格较为混乱。我国农产品价格形成机制含有许多不确定因素,常常面临两难选择,或由市场自发形成价格,但伴随而来的往往是价格的大起大落;或仍由国家制定价格,但不能及时有效地对市场供求关系变化做出明确的反应。

第三,关于政府宏观调控体系的研究。许璐、秦学、赵勇与缪其贵等学者指出,政府宏观调控体系不完善严重制约了我国农产品流通的发展。主要表现为:政府对农产品流通信息服务不力;中央和地方政府在市场调控方面分工不明、职责不清;有些地方存在重市场建设、轻市场预测,不注重分析市场需求变化,盲目指导生产,造成农产品生产滞后于市场,市场体系不完善和市场主体缺位。

(2) 关于农产品流通改革必要性的研究

第一,关于加入 WTO 后农产品流通体系改革必要性的研究。学者们普遍认为,加入 WTO 后,我国主要农产品价格高于国际市场,势必导致国外农产品进入中国,同时为部分具有国际竞争力的农产品进入国际市场创造了良好的外部环境。但无论是增加出口,还是增加进口,必然大大增加农产品的流通量,使中国农产品流通逐步融入国际的大流通中去,迫使我国农产品流通适应国际流通的节奏及要求,这有利于推动我国的农产品流通体系改革。

第二,关于农产品流通体系与农业产业化的研究。温思美、杨顺江在《论农业产业化进程中的农产品流通体系改革》中指出,在农业产业化的进程中进行农产品流通体系的改革符合政府的宏观政策目标和微观主体的利益,有利于政府对农产品市场的宏观调控,有利于稳定市场参与者的收入及其市场预期,以有效的宏观调控为基础,以批发市场为中心,以企业化的管理为运行机制,构建多元化的市场组织体系。也就是说,在保证国家对农产品市场进行有效的宏观调控的基础上,构建以农产品的产地和销地批发市场为中心的、多元主体参与的、多层次的市场体系。其运行机制是市场的企业化,即改变原来的政府办市场和管市场的非市场化方式,推进企业办市场、企业管市场、市场企业化的组织制度创新。

(3) 关于农产品流通改革内容的研究

周颖在《我国农产品流通现状分析与对策研究》中认为,培育多元化市场交易主体,是搞活农产品流通的基础。

首先,要加大力度,彻底改革国有商业组织,转换经营机制,使其真正成为独立经营的企业,提高其市场竞争能力。

其次,放手发展农民流通组织,发挥中介组织的桥梁和纽带作用,推动农民进入流通领域。

第三,培育和建设龙头企业。学者们普遍认为政府的功能主要是通过立法和司法制度界定和保护产权,并提供制度服务。一方面,政府应从农产品批发市场的直接经营、管理的具体事务中解脱出来,集中精力完成界定和实施产权、制定和维护市场规则等政府职能；另一方面，政府还需要通过制定城市发展规划、审批市场用地、政策优惠等措施来引导农产品批发市场的发展，以达到政府的有关政策目标。与此同时，政府也有必要通过提供公共产品并实施必要的宏观调控克服"市场失灵"现象。

孙彩霞、温思美、杨顺江等学者普遍认为应该加强批发市场的建设，要求：首先，要加强对批发市场统一规划，完善批发市场的布局。其次是探索组建企业化的批发市场。而后，发挥信息网络的作用，完善服务功能，拓展市场的外延与内涵。最后，加强我国批发市场的法规体系建设，为农产品批发市场建设创造宽松的政策环境。在农产品流通体系的发展历程中，已经出现了这样那样的问题，对农村流通业产生了严重的不良影响，阻碍了农村经济的发展，但就这些问题很少有人进行深入专题研究。

2012年中央一号文件强调提高市场流通效率，切实保障农产品稳定均衡供给，提出："统筹规划全国农产品流通设施布局，加快完善覆盖城乡的农产品流通网络。充分利用现代信息技术手段，发展农产品电子商务等现代交易方式。探索建立生产与消费有效衔接、灵活多样的农产品产销模式，减少流通环节，降低流通成本。准确把握国内外农产品市场变化，采取有针对性的调控措施，确保主要农产品有效供给和市场稳定，保持价格合理水平。"本研究正是围绕着农产品流通体系优化与农产品流通成本降低而进行的，切合了当前新农村建设的整体思想。

（三）基本思路及研究方法

1. 基本思路

本研究在前期资料搜集、整理的基础上，对资料进行分析，进而得出我国农产品流通体系不完善与流通成本高的主要问题，经过对国外农产品流通体系的经验借鉴，提出我国农产品流通体系优化与流通成本降低的对策，具体研究框架如图3-1所示。

第三章 农产品流通现状及对策研究

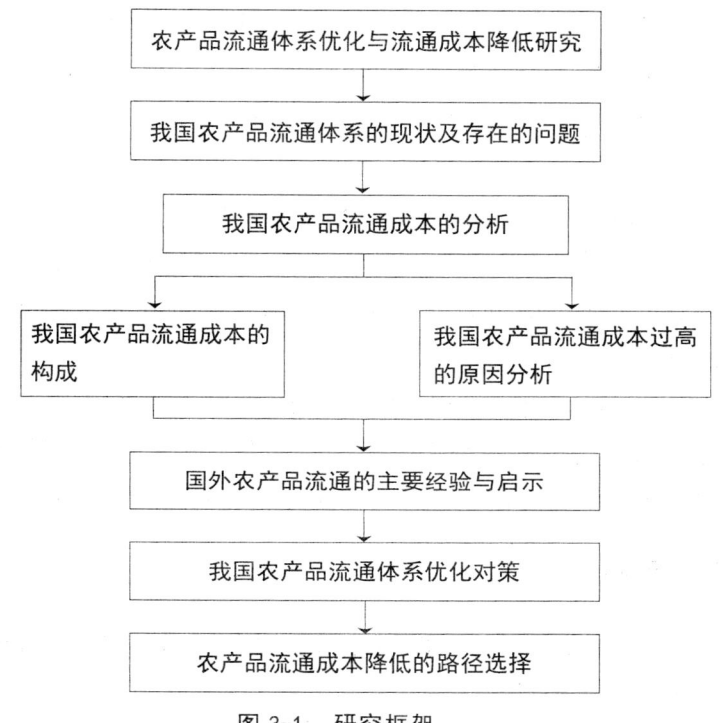

图 3-1 研究框架

2. 研究方法

本研究主要运用了以下研究方法：

（1）规范研究方法与实证研究方法。规范研究方法是研究经济现象和经济运行"应该是什么"的研究方法。这种研究方法主要依据一定的价值判断和社会目标，给出达到这种价值判断和社会目标的步骤。实证研究方法是指从大量的经验事实中通过科学归纳，总结出具有普遍意义的结论或规律，或者从大量的经验事实中提炼出某些具有典型性的前提假设，然后以科学的逻辑演绎方法推导出某些结论或规律，再将这些结论或规律拿回现实中进行检验的方法。本研究所有问题的研究都是规范研究方法和实证研究方法的结合运用，只是有些研究以规范研究为主，有些研究以实证研究为主而已。

（2）逻辑演绎与归纳总结相结合的方法。要发现和揭示农产品流通的内在规律，就必须采用逻辑演绎与归纳总结相结合的方法，其要义在于既要从事物的内在矛盾运动中揭示事物发展的趋势,又要从纷繁复杂的客观世界中把握事物的普遍性和规律性,将逻辑的推理与实践经验的概括结合起来。在对我国农产品流通体系和流通成本构成的现状研究中综合运用了这两种方法。

(3) 理论分析与对比分析相结合。本研究对我国农产品流通体系与发达国家农产品流通体系进行了比较分析,分别得出其先进经验。在分析我国发展农产品流通的意义以及具体对策时,本研究又从理论的高度进行了深入的分析。

(4) 定性分析与定量分析相结合的方法。本研究在对国内外的农副产品流通现状进行分析时引用了大量的数据,采用的是定量分析的方法。而对我国农副产品流通的问题分析时采用的主要是定性分析的方法。

(四) 创新点

(1) 利用协同学相关理论构建我国食品冷链一体化冷链物流系统,找到冷链物流系统构建的突破口。

(2) 本研究依据农产品流通体系优化的原则,以及我国农产品流通体系存在的主要问题,提出了我国农产品流通体系优化的建议和对策。

(3) 本研究针对农产品"从田间到餐桌"流通的各阶段,对农产品流通成本进行了深入的分析,指出农产品流通成本过高的原因并提出了相应的改进路径。

二、农产品流通体系现状及存在的主要问题

作为食品的农产品主要包括粮食和农副产品两大类,粮食由于其重要的地位,一直受到政府的高度控制,即使是逐步实施粮食市场化,其经营主体多元化的今天,国家对粮食的宏观调控作用仍然很大,国有粮食企业仍是粮食流通系统中的主力军。而农副产品的生产流通则基本实现了市场化,二者的流通模式并不相同,因此,在以后的研究分析中,粮食流通和农副产品流通都是分别介绍的。

（一）我国农产品流通体系的现状

1. 农产品生产加工现状

我国地大物博，农业品种资源丰富。小麦制粉是为人类提供食物最基本和最主要的一个传统产业，最近十年，各产业都在向规模化、集团化转变，中国的小麦制粉行业也不例外。纵观国内面粉市场，行业整体处于供过于求的状态，近年来国内面粉企业竞争日趋激烈，2018 年受上游小麦产量下降影响及国内去库存进程进一步加快，我国小麦粉产量从 2016 年的 15265 万吨下降至 8875 万吨；2019 年 12 月中国成品糖产量为 281.75 万吨，同比增长 31.6%；2019 年 1~12 月份中国成品糖产量为 1356.53 万吨，相比 2018 年同期减少了 197.47 万吨；2019 年 1~4 季度全国精制食用植物油产量逐渐增长，增长 30.29%。2019 年 12 月全国精制食用植物油产量为 586.4 万吨，同比下降 0.1%。2019 年全国精制食用植物油产量为 5421.8 万吨，同比增长 1%。2019 年 9 月全国鲜冷藏肉产量为 230 万吨，同比下降 4.9%，2019 年 10 月全国鲜冷藏肉产量为 209.7 万吨，同比下降 11.4%，2019 年 1~10 月全国鲜冷藏肉产量为 2344.2 万吨，累计下降 11.4%。

由此，我们可以看出，农产品产量虽然有下降趋势但已不是农业中的主要问题，关键是农产品的价值实现问题，而农产品的价值实现问题主要又取决于农产品流通，这就要求有一个稳定畅通的农产品流通渠道，有一个完善的农产品流通体系和合理的农产品流通成本。下面我们分析农产品的流通状况。

2. 农产品流通主体

农产品流通组织主要有国有农产品流通组织、供销合作社、农民专业合作组织、带动农产品流通的龙头企业、农民经纪人等几种形式，以下分别对这几种形式加以阐述。

（1）国有农产品流通组织

国有农产品流通组织主要是在粮油流通中起着主导作用，粮油流通也主要是由该组织来进行收购、流通和销售的职能。经过近几年的培育，我国农副产品流通主体呈多元化趋势。

(2) 供销合作社体系

近几年，全国供销合作社系统进入了一个全新的发展阶段：一是，网络覆盖面快速恢复并且水平显著提升，各类经营服务网点达到 68 万个，恢复到历史最高水平；二是，现代流通方式正在普及，配送中心、连锁超市、便利店等新型零售业态已经取代传统零散的销售门店，一些地方正加快发展大卖场、购物广场等适应城市消费特点的高端商业业态；三是，社有企业整体规模和效益明显提升，特别是农资、再生资源、日用消费品、农产品等传统优势企业进一步巩固提升了行业主导地位；四是，项目建设全面铺开，一批投资规模大、建设标准高、带动能力强的大型项目相继建成投产，供销合作社的发展后劲显著增强；五是，经营领域有效拓展，现代物流、商业地产等新兴产业快速发展。2018 年，我国供销合作系统实现销售总额 5.9 万亿元，总资产 1.6 万亿元，实现利润 468 亿元。

(3) 外贸公司

外贸公司是负责进出口业务的专业公司，涉及农产品进出口的有粮油公司、畜产品公司、土特产进出口公司。我国农产品出口一直很低，虽然近年中国农产品进出口均大幅增长，但进口增幅大于出口增幅，农产品贸易逆差较大。2019 年中国农产品进出口额 2300.7 亿美元，同比增长 5.7%。其中，出口金额为 791.0 亿美元，同比下降 1.7%；进口金额为 1509.7 亿美元，同比增长 10.0%。2019 年中国农产品贸易逆差 718.7 亿美元，同比增长 26.5%；从 2017 年至 2019 年，中国农产品贸易差额已连续三年增加，增速分别为 30.4%、14.0%、26.5%。

(4) 农产品龙头企业

农产品龙头企业连锁经营等现代流通业态发展迅猛。随着交通、通信信息技术的发展，流通企业的管理效率得以大幅度提高，新兴现代流通业态竞争优势不断加强，发展势头迅猛，成为流通业的发展方向。

(5) 农民专业合作社

农民专业合作社它包括农民个体组织、专业协会等。比如在河南省有罗宋村西瓜合作社、沁阳怀药合作社、张集镇园艺协会等。农民通过组织农民专业合作社，可以提高组织化程度，抱团闯市场。

(6) 农村经纪人

这几年农村经纪人队伍逐渐壮大，我国仅农村青年经纪人队伍就达几十万人。他们为农产品走向市场架起了一座桥梁。

3. 农产品流通市场

我国粮食市场主体多元化态势已经形成。我国经营粮食零售业务的集贸市场遍布城乡各地，大部分城乡超市都经营粮油产品。批发市场经营主体有国有、股份制、民营等，市场类型有大型的商流市场、区域性市场、大中城市成品粮市场、城镇摊位市场等。经过近几年来的发展，各类粮食市场分工趋于明晰，市场定位逐步明确，作用日益显现。粮食收购市场在贯彻国家粮食收购政策、方便农民售粮、促进粮食生产发展和农民增收、提供农产品粮源方面发挥了基础性作用。粮食零售市场在满足和方便人们日常生活需要，调剂粮食品种余缺方面发挥积极作用。粮食批发市场在组织大宗粮食品种交易，形成现货市场价格，传递市场供求和价格信息，服务国家宏观调控等方面发挥了重要作用。大型粮食商流市场主要承担了国家政策性粮食的竞价销售任务，促进了粮食产销衔接和粮食价格稳定；大中城市成品粮市场主要发挥了保证城市口粮供应的功能；粮食期货市场稳步发展，在发现价格、规避风险等方面发挥了特殊作用。

我国农副产品流通市场体系已经形成了"三位一体"的新格局。

第一类是农副产品批发市场。近年来，我国农产品批发市场从市场数量、摊位数、营业面积、交易总额及单位成交额等方面来看，均呈稳步增长的态势。截至2018年年底，全国农产品批发市场已有4500多家，年成交额约5万亿元，年交易量10亿吨。我国70%以上的农产品都是经农产品批发市场流通的。不仅如此，成交额比重提高，发展更趋专业化。数据显示，2019年中国农产品流通各渠道占比调查中，农贸市场占比最高达到51.8%，而超市占比位列第二为36.4%，位列第三的是个体商贩占比为8.5%，占比最少的是便利店仅有0.8%。

第二类是农副产品期货市场。期货市场是在批发市场的基础上发展起来的，通过期货市场，积极推进"公司+农户""期货+订单"的新型农业产业化方式，促进了小生产与大市场的有效对接，促进了市场流通秩序的不断规范和农产品质量水平的持续提高。

4. 我国农产品流通的交易方式

目前，我国农产品交易方式有现货交易、协商交易、竞价交易、网上交易、远期合约交易、期货交易等。其中现货交易方式是指以实物交割为目的、当即钱货两清的农产品实物交割的交易方式；协商交易具有农产品交易品种、数量不受限制，交货地点、时间灵活多样，货款支付、结算安全可靠的优势；竞价交易具有加快销售速度、保护销售价格的优势，可以采取网上、网下两种方式；网上交易是直接采用互联网进行交易的方式；远期合约交易是指买卖双方通过事先签订合约，规定在未来的某一时期以一定的价格交割一定数量、一定质量等级农产品的交易方式；期货交易是指在期货交易所内买卖标准化合约的交易，为现货和远期合约交易者提供了回避价格风险的场所，并且发现未来价格，指导农产品的生产经营。但是我国普遍使用的交易方式还是现货交易，新型交易方式的重要性并未得到充分重视。

5. 我国农产品流通渠道

目前，我国在农产品流通过程中主要有以下四种渠道模式。

一是，"农户+国有粮食流通企业+市场"模式，即由在农产品粮的收购、销售方面仍然占有主要地位的国有粮食流通企业从农户手里收购粮食，并将粮食销售给农产品批发市场以及农产品集贸市场、农产品超市、专柜等零售终端的流通渠道模式。整个过程中，国有粮食流通企业对粮食的储藏、加工、运输、销售等起核心作用。

二是，"农产品生产基地/农户+产地批发市场+销地批发市场"模式。这种模式是我国农产品销售当中最主要的模式，就是由农户或生产基地以独立身份进入流通领域，依靠批发市场进行流通的模式。

三是，"农产品生产基地/农户+农产品加工销售企业+市场"模式，即由按产、加、销一体化运作的农副产品加工龙头企业，收购大量农副产品，进行精深加工后，销往国内国际市场的流通渠道模式。

四是,"农户+中介组织/经纪人+农产品市场"模式,即由农副产品批发市场、农产品超市等连接小农生产者或者农产品流通中介组织,将农产品直接出售给消费者或销往省内外农产品超市、专柜等零售终端的流通渠道模式,包括现在国家正在倡导的"农超对接"模式。

五是,"农产品生产基地/农户+市场"模式,这种模式既包括传统的农户自己在农贸市场将农产品出售,也包括农产品生产基地或农户通过互联网与销地市场相连的流通渠道模式。

六是,"农产品生产基地/农户+消费者"的模式,这种模式主要是通过时下流行的电子商务的方式,将农产品直接销到消费者手中,而郑州在2012年推行的周末蔬菜直销进社区的形式也是这种形式的特例。具体如图3-2所示。

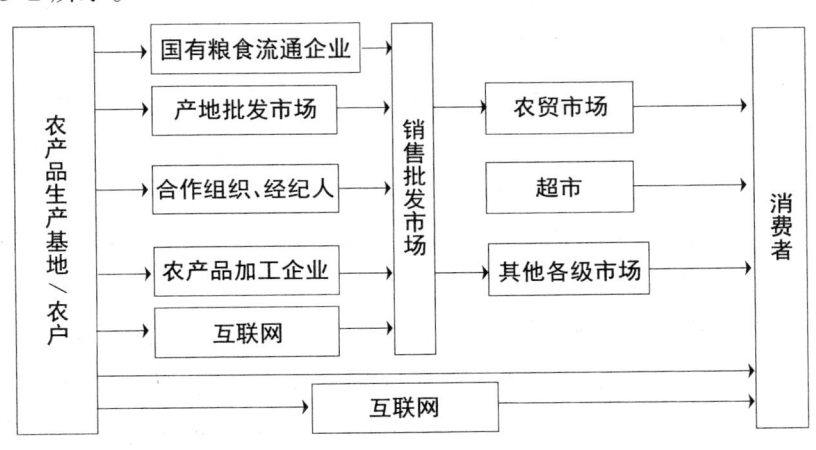

图 3-2 我国农产品流通渠道模式

我国农产品流通虽然有以上诸多形式,但是通过批发市场或农民合作组织、农村经纪人进行农副产品流通的比例还是比较低的,主要还是以农户—收购商—消费者为主要形式,流通规模小,并且成本高,使得中间商利润高,从而损害了农民和最终消费者的利益。

6. 我国农产品流通的宏观管理

政府加强了对农村基础设施的投入,增加乡村道路、农村沼气、农村水电等农村基础设施的建设。随着科技的不断发展,我国高速公路发展得越来越好。截至2019年,中国公路总里程已达484.65万千米、高速公路达 14.26 万千米，居世界第一。一个国家的公路建设规模根据公路运输在综合运输体系中的作用，按其政治、经济、文化、旅游等方面的重要性，再结合地理环境条件来确定。中国的公路建设由国家计委、国家经委和交通部划定国家干线公路网，各省、市、自治区根据国家总体规划布局，结合本地区经济发展制定本地区公路网规划(省道、县道、乡道)，采取多渠道资金来源设计和修建，由交通部和下属各省、市、自治区公路部门负责养护、管理。2018 年末全国公路总里程 484.65 万千米，比 2017 年增加 7.31 万千米。公路密度 50.48 千米/百平方千米，增加 0.76 千米/百平方千米。2018 年末国道里程 36.30 万千米，省道里程 37.22 万千米。农村公路里程 403.97 万千米，其中县道里程 54.97 万千米，乡道里程 117.38 万千米，村道里程 231.62 万千米。2018 年交通运输系统全年投入公路绿化资金 87.9 亿元，新增公路绿化里程 7.9 万千米。公路养护里程 475.78 万千米，占公路总里程的 98.2%。全年完成公路营业性客运量 136.72 亿人，比 2017 年下降 6.2%，旅客周转量 9279.68 亿人千米，下降 5.0%。2018 年公路完成货运量 395.69 亿吨，增长 7.3%，货物周转量 71249.21 亿吨千米，增长 6.7%。铁路运输、水运及航运的稳步发展也为我国农产品物流方式多元化发展提供了有力保障。建设和完善农村信息网，推广采用低成本、广覆盖、易维护和低功耗信息技术，探索适合农村地区的组网模式、网络运营支持模式和业务运营支持模式，实现村村通电话、乡乡能上网，积极完善农产品的检测与监测体。以上这些都是我国农产品流通体系的现状以及在农产品流通中取得的一些成绩，但是不容忽视的是农产品流通中存在的问题以及制约农产品流通体系进一步完善的因素仍很突出。

(二) 我国农产品流通体系存在的主要问题

1. 农产品很难适应市场需求

农产品自身因素涉及的是农产品流通的第一道环节，农产品品质结构与市场需求不适应、质量低下以及附加值低，这些因素都直接导致了农产品流通不畅，影响了农产品流通体系的进一步完善。随着人们收入水平的提高，人们的生活水平也得到相应的提高，那么人们会逐渐转向更高品质的需求和更多样化的消费。在这种情况下，农产品供给的品质结构如不能发生相应的变化，而单纯只有数量上的增长，产品的积压和价格下跌就难以避免。只有使农业生产与农产品的消费之间建立起更直接的联系，才能使农产品的供给更能适应市场的需求。

2. 农产品流通环节太多

一般来说，我国农产品流通要经过生产者、经销商、销地批发市场、销地农贸市场、消费者等环节。流通环节多，路线长，多次装卸搬运和包装，中间损耗大，因此增加了流通成本。同时，由于流通环节中的层层加价，农产品从农民手中最后到消费者手中，价格往往上涨了两三倍。根据调研，从农民出售一斤西红柿 1.40 元到超市零售价 3.8 元，上涨了 1.7 倍；每斤尖椒农民出售价 1.25 元，超市零售价格为 6.5 元，上涨 4.2 倍；每斤油菜农民出售价 0.40 元，超市零售价格为 2.20 元，上涨 4.5 倍；每斤牛奶出售价 1.40 元，超市 2.86 元，上涨 1 倍。

3. 农产品流通主体发育不足

农产品的流通主体有农民和各种农产品流通组织，无论从农民来讲，还是从流通组织来讲，其发展速度都比较缓慢。

(1) 粮食流通主体不够成熟

粮食规模化种植推进缓慢，合作组织化程度仍然不高，生产者参与市场竞争和抵御市场风险能力不强，作为市场主体还比较弱；部分国有粮食企业改革改制不够科学、规范，现代企业制度的作用还没有得到充分发挥，自我造血功能不全，自主发展能力较弱，特别是缺少一批大型的、有国际竞争能力的粮食企业集团，在与国内外超大型粮食企业集团竞争中仍处于劣势地位；其他所有制市场主体多数经营量小，市场设施条件发展滞后，经营行为有待规范；粮食市场行业中介组织发展尚不完善，服务功能和自律作用有待加强等。

(2) 农民在流通中处于弱势地位

农民市场意识淡薄，农业生产零星分散，经营规模小，专业化程度低，在生产经营上存在着很大的盲目性和随意性，不少农民市场意识较差，市场参与能力也较弱，一家一户自我封闭的生产经营格局还没有从根本上改变。进入市场经济时代，农民尚未从长期的封闭生产格局中解脱出来，缺乏流通意识，对政府仍有着强烈的依赖性，面对千变万化的大市场感到十分茫然和无奈。通过调查发现，农民进入流通领域虽然有一定的自发性，但组织化程度低，稳定性差，加之一家一户分散经营的模式，导致市场信息不灵，流通环节不畅。

(3) 农民专业合作组织亟待加强

农民合作组织真正代表了农民利益，生命力旺盛，但数量有限，覆盖范围小，辐射带动农户数量少，经验不足，组织分散，力量单薄。其一，各类合作组织的设立、运行和发展缺乏法律、法规等方面的制度规范，并且政府对其的引导与扶持力度不够。其二，农民自己组成的合作社没有资金依托，这是农民专业合作组织发展中极重要的制约因素。资金是农民专业合作组织扩展纵向一体化服务边界的物资保障，当前合作社的发展缺乏这一保障。其三，农民自发组织的合作社在技术引进、设备改造、农产品质量检测与标准化、市场开拓、信息搜集以及经营网点分布等方面，都与专业化的大公司有较大的差距，这也加大了农民专业合作社发展的难度。

(4) 农产品销售企业信誉度不高

一些农产品销售为龙头的企业，因为农产品市场风险高于预期，可能造成龙头企业效益下滑，由此，农产品流通组织就不按期履行协议，造成与农民的利益关系不稳定。一些以产业化为基础而经营的流通组织在市场风险超过预期时，甚至直接将损失转嫁给农户，损害农户利益。

(5) 农村经纪人不够规范

农村经纪人和农民营销户参与农产品流通面广量大，但发展上缺乏规范；当前的农村经纪人从业人员多，但没有相应的组织来进行管理。同时，从业人员素质普遍不高，他们大多直接从农业生产中转化而来，缺乏必要的市场条件下农产品经营能力的培训，存在经营理念上的投机性和经营行为上的盲目性。并且，农村大部分经纪人自身实力不足，服务手段简单，信息资源有限，资金实力薄弱，整体队伍不稳，难以适应未来市场经济的进一步发展。

4. 农产品流通市场发展不足

现有的农产品市场体系具有典型的初级市场特征，已不能适应市场经济发展的要求。一是市场体系建设与改造的步伐与农业市场化进程不同步，大多数农产品市场交易设施陈旧，结算手段落后，信息体系、质量检测体系建设薄弱，销地终端市场仍以小地摊、大集贸为主，不具备发展现代流通方式的基础和条件。二是市场自身非市场化运作。多数市场属于村、镇、街道主办的集体企业，许多市场还处于管委会管理阶段，没有进行企业化改制。三是大多数农产品市场的经营管理是以场地、设施出租等物业管理为主。市场本身不是农产品流通的主体，农产品市场实际上是"大市场、小业户"的格局，大市场掩盖下的千家万户的分散营销难以形成合力，使得农产品流通无序、效率低下。

5. 农产品储运缺乏专用技术设备

农产品多为鲜活易腐货物，货运量较大，对运输设备的要求高，需要大量的专用运输工具。但我国农产品专用运输工具极为缺乏，致使一部分易腐货物积压在产地，造成20%的货物交付前已腐烂变质，高的达50%。目前，我国农产品运输主要靠卡车，大多是敞篷的，农产品流通以常温流通或自然流通形式为主，缺乏对农产品的有效保护，高效专用运输车辆少，铁路冷藏车仅占2%左右，规范的保鲜冷藏运输车辆严重缺乏，冷藏保温汽车占货运汽车的比例仅为0.3%，平均冷藏运输率为10%~20%。在储藏方面，通用仓库比较多，专用仓库不足，特种仓库（如低温库、冷藏库等）严重短缺，装卸搬运方面，机械化水平低，叉车、托盘、货梯、升降平台、巷道堆垛起重机等装卸设施设备水平低，导致鲜活农产品储运成本在总成本中高达60%以上，大大降低了我国农产品的市场竞争力。

6. 传统交易方式仍占主导地位

我国农产品流通交易方式虽然存在多种形式，但仍然是以现货交易，并且是"一对一"的对手交易为主。这种交易方式有其自身无法克服的缺陷：首先，成交的不确定性。买卖双方是否能以一定价格买进或卖出一定数量、品质的农产品，很大限度上取决于市场上的机遇，交易者无法对收益进行合理预期，要冒较大的市场风险。其次，现货价格信号的非导向性。现货价格反映的只是成交时的市场供求状况,用此价格指导未来的生产经营会产生误导。由于现货交易这种交易方式的固有缺陷,使得农产品的流通不能高效运行。再次,"一对一"对手交易方式下的交易分散,无法通过交易次数的集约化和农产品储存的集中化来实现规模经济并提高交易效率,并且现行的对手交易方式对交易双方的约束软化,场外交易甚至欺行霸市的现象时有发生,导致一部分交易者的交易费用转嫁给另一部分交易者承担,或者一方的交易费用强加给另一方,使市场交易总的费用上升,不利于市场竞争和培育市场主体,从而损害交易的效率。

7. 政府宏观调控不到位

政府宏观管理中存在的问题主要有管理部门职能不清、基础设施薄弱、信息网络建设落后、市场相关法规建设缓慢、宏观调控机制不健全等问题,以下分别加以分析。

(1) 管理部门职能不清

由于农副产品流通过程包含购销运储等环节,囊括多种各异的流通渠道,诸多不同性质的流通主体参与其中,监督管理工作涉及农业、兽医、质检、卫生、工商、商务乃至经贸、交通、城建等多个职能部门。从总体上讲,农副产品流通的监管较为混乱,部门之间职责不清,难以形成合力,各自为政的现象依然存在,构成了有的越位、有的缺位、有权则抢、有责就推的尴尬局面。此外,还存在城乡执法力量不平衡等问题。凡此种种,既加大了做好农产品质量安全工作的难度,也给农产品流通中的质量安全问题埋下了隐患。

(2) 基础设施薄弱

由于农村集体消费水平较低,长期以来商业基础设施建设投资偏重城市、忽视农村,经济工作中重生产、轻流通的思想在农村同样表现突出,农村市场建设的投入严重不足,导致农村商业网点数量少且布局不合理,农村流通网络建设长期处于停滞不前的状态导致个体私营企业一统天下,适合农村居民消费的产品少,售后服务差;运输、维修等服务环节尚不健全,在客观上也制约了农民消费水平的提高,造成一些消费品在普通农户中无法迅速普及。水、电等资源的短缺和通信、交通等基础设施的不完善制约了农村消费需求的扩大,延缓了农村市场的发展进程。近年来,我国基础设施不断完善,但面对高速发展的贸易流通来说仍还面临着巨大的压力。交通条件对农产品流通的作用是不言而喻的,但是某些行政村还没有通公路,交通运输设施差,运力低,使有些地区的农产品不能及时进入市场。此外,农村在软件基础设施缺乏的同时,硬件基础设施建设也严重滞后。

(3) 信息网络建设落后

市场信息不完善,造成大量有效信息的浪费。农产品市场信息问题是当前制约农产品流通的核心因素。当前农产品流通中的突出矛盾是信息服务薄弱,农民与市场的脱节。由于缺乏系统化的农业信息收集、整理、发布体系,生产与消费之间、区域之间的信息衔接主要由市场来完成,而市场自身的松散性决定了信息的收集加工能力低下,生产、流通存在很大的信息局限性和盲目性。目前,我国农业信息主要以河南农业信息网为门户网站,每日发布所属城市农产品市场信息,但是农民真正需要的农产品市场信息匮乏,或者不可获得。主要表现在:一是信息化硬件建设落后,大多数批发商和供应商本身的知识层次不高,相应的计算机等设施落后甚至没有,这些因素都导致了农产品流通中的信息获取不及时,相互间的信息沟通不足。二是对农民的信息服务不到位。农民习惯于听从行政号召,缺乏对市场的分析能力。虽然当前涉农部门建立了农业信息网络,但网络在乡、村出现断层,使农民获取信息成本变高。

(4) 市场相关法规建设缓慢

完善的法律法规体系是农产品流通体系健康有序运转必不可少的保障,而我国农产品流通的法律法规还没有清晰的层次和体系,只是散布于各相关法规之中,一些领域还存在立法空白、市场法规制度建设严重滞后等问题。到目前为止,我国还没有颁布一部完整的农产品市场流通交易法,如对发展较为迅速,数量、规模庞大的农产品批发市场,也未制定相关"农产品市场法"。我国也没有出台全面的相关条令规则,因而缺乏有效的市场交易规则。同时,由于缺乏严格的市场准入制度、健全的农产品质量检测制度和必要的检测设备与手段,农产品质量认证和质量检测体系不健全，农村市场中假冒伪劣农产品危害程度远远高于城市。

(5) 宏观调控机制不健全

无论是作为一个农业大国还是农业大省，要促进农产品的流通，保持农产品供需平衡，国家和政府的宏观调控是重要的手段，但目前国家对农产品流通的宏观调控远不适应新的流通体系的要求。有效稳定的宏观调控机制尚未形成，当农产品生产和流通中出现问题时，往往以客观上形成的根深蒂固的思维方式和解决问题的方法来处理，因而调控方法和手段极其单一，尤其是运用经济手段引导农民适应市场需求、提供产品的能力不足。此外，政府扶持力度不够，主要表现在政府用于农业的财力十分薄弱，特别是作为调节农产品市场物质手段的产品储备，不仅数量不足，而且质量也难以满足市场需求。

三、农产品流通成本分析

我国农产品流通成本主要包括三个方面：存货持有成本、运输成本和行政管理成本。农产品的存货持有成本是指花费在保存农产品上的费用，除了包括仓储、残损、人力费用及保险和税收费用外，还包括库存占压资金的利息。农产品运输成本包括公路运输、铁路运输、水路运输、油料管道运输、航空运输、货运代理相关费用、货主费用等。公路运输包括城市内运输费用与区域间卡车运输费用，货主费用包括运输部门运作及装卸费用。农产品流通的行政管理成本应该包括订单处理、IT成本及市场预测、计划制定和相关财务人员发生的管理费用。由于这项费用的实际发生额很难进行真正的统计，因此，在计算流通行政管理成本时，是按照历史情况由专家确定一个固定的比例，乘以存货持有成本和运输成本的总和得到的。

不过，以上面这样分类还是太粗，下面，我们以甘肃的蔬菜运到郑州为例来探讨农产品流通成本的构成。

（一）我国农产品流通成本构成

1. 农产品从农户到产地批发市场的费用

我国蔬菜从农户到产地批发市场的费用主要包括损耗费、运输费、经纪人代理费、包装材料费、小工费和电话费。其中比重最大的是损耗费、包装材料费和小工费。以从甘肃外购土豆到郑州为例，在当地的土豆收购价是每斤0.35元，买袋、装车等产地费用每斤就要加上5分钱，损耗大概为10%。

2. 农产品从产地到销地的运输费用

蔬菜从外地运往郑州有雇用车辆和使用自有车辆两种方式。批发商雇用车辆的，根据路程远近、季节、天气状况、油价等因素费用有所不同，甘肃到郑州的雇车费每吨在300元左右，吨数越多单位价格越便宜。一般而言，冬季雇用车辆的费用较其他时间略高，15吨位汽车为3300元，货到时由批发商一次性向车主付齐。运输中发生的各项费用包括过路（桥）费、燃油费、车辆维修费、食宿费、船运费等均由车主承担。批发商自带车辆的，通常是雇用固定的司机，按月或按次数向司机支付工资，途中发生的各项费用均由批发商承担。

3. 农产品在销地批发环节的费用

接下来，蔬菜运输到刘庄批发市场后，一共发生四种费用。

第一种是向市场缴纳的费用：如果是单一品种，则先按照批发市场当天该种蔬菜的平均批发价格乘以整车的重量，一次性收取6%的市场管理费。如果蔬菜品种多样，则分别称出每一个品种的总重量，按照各品种当天的批发价格计算交易额，收取6%的管理费。此外，由于驻地批发商在市场中有固定的摊位，市场管理者每天还要向其额外收取15元占地费。

第二种是向工人支付的工资：蔬菜进场后，批发商要雇佣工人整理、分拣、加工、卸货，但是整个过程相对简单，蔬菜的整理、加工仅仅是丢掉枯黄、腐烂的部分，切去菜根，将破损的包装重新打包或改换为小包装。工人的工资有两种支付方式，对于长期雇用的工人，通常按月结算工资,每月 1200~1500 元不等,每天为 40~50 元,经验丰富的男工每天最高工资可达 60 元。短期雇用的工人则按件结算工资,每千克费用 2 分钱(这种结算方法就包括了包装费、加工费等费用)。为避免重复计算包装费,该环节工人工资本文选取按月结算的方式,取中值 45 元,一个蔬菜批发商长期雇用的工人通常 5 名,则每日需要支付的工人工资为 225 元。

第三种是蔬菜损耗发生的费用:由于蔬菜最怕损失水分,因此每吨细菜类蔬菜从产地运输到销地,正常水分蒸发的损耗约为 1%,加上不合理包装、运输、储存等原因造成细菜类蔬菜(如芸豆、青椒、茄子等)腐烂、变形的物流损失占 5%左右,大菜类蔬菜(如土豆、红薯、山芋等)占 2%,所以每吨细菜类蔬菜的损耗通常可达 6%。

第四种是批发商日常的生活费,由于大多数批发商是外地人,因此他们的日常生活费主要包括房租、饭费等,平均每日支出 50 元左右。

4. 农产品零售环节的费用

目前,我国城市居民主要通过两种渠道购买蔬菜:农贸市场和大型超市。这也是我国蔬菜流通的特点:以蔬菜批发市场为龙头,以集贸市场为基础,以超级市场、仓储商场、便民店等零售业态为网络的蔬菜市场体系。但这两个零售环节所发生的费用大不相同。

蔬菜在农贸市场这个零售环节所发生的费用主要包括摊位费、损耗费、包装费、运输费、车辆养路费、维修费、保险费、工商管理费等。

超级市场经营蔬菜主要有两种模式:联营模式和自营模式。

(1) 联营模式

目前在大连超级市场采用联营模式经营蔬菜的比例较小,仅有大商新玛特各大超市,这种模式是指超市和供应商共同经营蔬菜,供应商具有较大权力。供应商负责组织进货,聘用员工在卖场中销售蔬菜并向其员工支付工资,同时要承担蔬菜的运输、加工、储存、管理、损耗、水电等费用,如超市中蔬菜包装袋、价格标签均由供应商支付。超市生鲜部只负责对其员工面试和管理卖场秩序,并在每月月底按照当月蔬菜销售额的 12%向供应商收取返利。因此,联营模式的蔬菜价格通常高于农贸市场。

(2) 自营模式

采用自营模式的超市较为普遍,如沃尔玛、家乐福、世纪联华等,这种模式相对比较简单,超级市场设有专门的生鲜采购部,负责蔬菜从采购、运输、存储、加工、包装、销售等全部过程并承担相应的费用。一般而言,超市拥有固定的一个或几个批发商为其供应蔬菜,付款方式为验货后一次性采用现金或支票结算。由于超市采购的数量和品种较多,因此对供应商有较高的讨价还价能力,能够获得比单个零售商更优惠的进价来弥补巨大的费用支出。自主经营蔬菜的超市具有较大的灵活性和自主权,如蔬菜的价格由超市制定,往往低于联营模式的超市价格,略高于农贸市场价格。

综上所述,我们可以看到从流通成本的角度来看,蔬菜离开产地农户后到进入郑州市消费者手中前共经历从农户到产地批发市场、从产地批发市场到销地批发市场、在销地批发市场批发和在销地零售四个环节。为了更具体地研究蔬菜流通成本,本研究把蔬菜流通成本界定为这四个流通环节所发生的总费用。而且,据调研蔬菜在这些环节中,从农户到批发市场的费用最高,占 46.0%;郑州零售环节的费用次之,占 31.6%;产地到销地的运输费用和在销地的批发费用分别占 14.7% 和 7.7%。

最后,据商务部统计显示我国农产品流通成本是世界平均水平的 2~3 倍。河南作为农业大省,是我国农产品流通现状的缩影,过高的流通成本严重阻碍了我国农产品的流通。

(二) 我国农产品流通成本过高的原因分析

1. 农产品物流环节多,价格形成链条长

从上面的分析我们可以看到,我国农产品物流要经过生产者、经销商、销地批发市场、销地农贸市场、消费者等环节。物流环节多,路线长,多次装卸搬运和包装,中间损耗大,因此增加了物流成本。同时,由于流通环节中的层层加价,农产品从农民手中最后到消费者手中,价格往往上涨了两三倍。

2. 农民组织化程度低，农产品交易成本上升

目前，由于我省乃至我国农业生产组织化程度低，分散农户生产的农产品通过经销商进入大市场。在此过程中，规模小、组织化程度低，分散、细小的生产经营方式不仅限制了农民的交易方式，也大大增加了产品的交易成本。一方面，就大多数"小规模、分散化"的农民而言，农民因批量小而无法采用有效率的运输工具所带来的损失、因交易量少而支付的较高单位产品运输成本、因掌握市场信息不充分而发生迂回运输多承担的运输成本和因此造成的腐烂及销售损失，这些原因增加了农民的交易成本；另一方面，由于面对着众多的交易对象，经销商掌握生产基地、生产农户以及每批产品质量信息的成本高、难度大，经销商与分散的农户进行交易，可能因信息不对称，导致谈判、履约、监督的成本过高而中断交易过程，从而也增加了交易成本。

3. 服务收费较高，农产品批发市场发展不足

农产品批发市场由于交易数量庞大、买卖双方人数众多，产生的价格能够基本反映市场供求平衡的真实状态。这种比较真实的价格，能够在很大程度上起到稳定农产品市场价格的作用。但是，由于全国没有统一的批发市场法规，使得我国许多批发市场组织化程度不高，管理收费秩序较乱。在批发市场上，通常产地市场收卖方 0.5%~1% 的服务费，销地市场收卖方 1%~3% 的服务费，对买方入市交易一般不收费。一些销地批发市场在市场初创时期尚能这样做，但随着业务的发展，加之负债、离退休职工等的压力，收费日渐增多，既收卖方又收买方的服务费，一笔业务下来，往往要收买卖双方少则 3%~6%，多则 7%~8% 的服务费，过高的收费已严重制约了市场的发展，同时也变相提高了农产品的终端销售成本。

4. 物流技术落后，运输损失率较高

由于农产品的特殊属性，例如含水量高、保鲜期短、极易腐烂变质等，由此对运输效率产生了重要影响。目前，我国的农产品物流以常温物流或自然物流为主，农产品在流通过程中损失很大。据统计，在我国，果蔬等农副产品在采摘、运输、储存等物流环节上的损失率在 25%~30%，粮食平均损失也有 14.8%，而发达国家的损失率则控制在 5% 以下，美国仅有

1%~2%。正是由于运输损失率较高,而这部分损失最后由消费者承担,从而大大提高了农产品的价格。

5. 基础设施"瓶颈"制约,资源未能有效配置

运输问题依然是制约我国农产品物流的瓶颈。就粮食而言,由于粮食体积大、利润低的特征,几乎决定了粮食只能通过运费相对低的火车运输。但铁路运力也不足,运输压力十分大。正是因为公路、铁路等基础设施的瓶颈制约,使得我国农产品资源未能实现有效配置,导致了局部粮荒和粮食产区运粮难共存局面的出现。资源难以实现有效配置,造成了农产品在局部地区的较快上涨,加剧了农产品价格的波动。

6. 税制设计存在不足,农产品企业税负较高

在税负方面,国内农产品企业与国外相比,由于我国实行生产型增值税,固定资产不能抵扣,中外农产品企业税负存在着差距;而国内农产品企业与国内其他企业相比,税制设计上又存在着高征低扣的问题,这使得我国农产品加工业的税负明显高于其他加工业。除农业产品、粮食、食用植物油外,以农产品为原料的工业加工环节按17%的税率征税,按13%的税率抵扣进项税额,增加了以农产品为原料的工业企业的增值税负担。

四、国外农产品流通的主要经验与启示

世界农产品市场体制和农产品市场体系的形成受各国社会体制、农业生产、经济发展水平等的影响。经过多年的发展,欧盟模式,日、韩和中国台湾为代表的东亚模式,美国模式这三大农产品市场模式形成了各自鲜明的特点,它们对我国现代农产品市场体系的建立和完善有着重要的借鉴意义。

(一)发达国家农产品流通的经验

1. 重视农业教育培训、科研和推广,注重培育和创新农产品流通主体

以美国为代表的发达国家在农业教育、科研、推广和提高农民素质方

面做出了巨大努力。国家确保在农业教育、科研和推广方面的经费投入，确保科研成果的及时推广运用；注意发挥地方和私人在教育、科研和推广方面的积极性，为现代农业培养优秀人才，不断提高农业劳动者的素质。

农协是组织日本农民进入流通领域的关键组织。日本农协是由单独农户自愿联合组织起来的民办官助的群众组织，在农产品流通中发挥着不可替代的作用。日本农协建立了一批挑选、加工、包装厂，预冷库，冷藏库，运输中心以及地方批发市场、超级市场、商店等，并在全国大中城市的74个中央批发市场中建立了分支机构，为农产品顺利销售创造了良好的条件。日本农协销售的蔬菜、水果占全日本生产总量的60%以上。按市场规律运营的法国农业合作社在农产品流通的作用巨大，合作社负责收购农产品；在信息、科技、培训等方面为农户提供服务；保护农民利益；为农户取得贷款融资提供方便，农业合作社已经成为法国农产品流通的中坚力量。

2. 重视农产品的标准化生产

农产品标准化对大流通至关重要。标准化的农产品可以减少流通费用和产品损耗，提高超市销售的比重，有助于增加农民销售收入，提高农产品市场竞争力。发达国家蔬菜和水果采摘后损耗率在5%以下，美国仅为1%~2%，农产品在超市销售的比例超过70%，美国、德国达到95%。法国政府通过一系列法规，明确农产品标准，并设立专门处理违背标准化行为的部门——反诈骗处。现在巴黎执行法国国内市场、欧共体市场和其他国际市场三种农产品标准，如水果不能喷有害于人体健康的农药，动物饲养不能使用雄性激素等。法国政府还鼓励农产品生产、加工、销售一体化，并将加工企业建在农村。目前，巴黎的水果、蔬菜、谷物、奶类、花卉都实行这种纵向一体化模式，既可以就地转移劳动力，扩大农业经营规模，又提高了农产品生产的标准化和农产品化水平，促进了农产品流通的稳定发展。为了提高鲜活农产品的附加值，使鲜活农产品销售提高附加值，日本建立了一批加工厂、预冷库、冷藏库、运输中心等，并在全国大中城市的中央批发市场建立了分支机构，利用农协、生协、渔协的组织系统及拥有的保鲜、加工、冷藏、运输、信息网络等现代化优势，将农民生产的农产品集中起来，进行统一销售。如在容易变质腐烂的水产品上，大量运用冷冻设施和低温运输系统，由此实现了水产品长期保鲜。同时日本已普遍采用鲜活农产品产后从预冷、整理、储藏、冷冻、运输等规范配套的流通方式，产后的农产品化处理几乎达到100%。目前日本农产品加工比例在60%以上，加工转化后产值至少可增加2倍。

3. 规划建设大型农产品批发市场和物流基地，大力提升市场功能

发达的批发市场是农产品顺利流通的基础条件，发达国家普遍重视批发市场的规划与建设。巴黎郊外的汉吉斯国际批发市场是一个以法国为中心，并把周边德国、西班牙、意大利、荷兰等国纳入商圈运销活动范围的大型食品流通中心。荷兰则充分利用便捷的交通条件建立了许多分工不同的农产品物流基地。58%以上的农产品和食品是通过鹿特丹港运输的，荷兰盛产的花卉则通过阿姆斯特丹斯希波尔机场运送到世界各地。荷兰还有许多农产品物流中心，如专门经营水果的弗拉辛港、经营冷冻食品的埃姆斯哈芬港和经营水产品的埃姆伊敦港口等。美国一直重视农业市场的建设，目前农产品销售的市场网络遍及全美。为完善市场功能，发达国家十分注重市场的现代化建设，提升市场功能。在荷兰，能够协调农产品保鲜中心和物流中心的电子交易系统已经建立，该系统可以实现农产品供应链上的信息共享，使信息透明度、准确度和及时性都得到提高。这种新型电子交易系统可以为全球许多国家的客户提供服务。

4. 注重基础设施建设，健全社会化服务体系

美国政府非常重视公共基础设施建设，联邦政府每年大约支出300亿美元用于公路、水利等公共基础设施建设。美国交通运输业极为发达，全国已建立起庞大的铁路、公路、航空、内河航运和管道运输网，农产品运输十分容易；储运设备机械化和自动化水平很高，提高了市场运营效率。荷兰交通运输设施也相当雄厚，承担了欧洲大约1/3的道路运输量，有1/3的货运车辆运载农产品和食品。荷兰冷链物流设备先进，人均制冷和冷冻容积量均居世界第一。

发达国家的流通社会化服务体系比较健全，如美国的社会化服务体系有为农民提供信贷的银行、信用社；有农民自己组织的各类合作社、协会、农贸市场等，体现了多形式、多层次、多类别、系列化、专业化、多元化的特点，推动着农产品流通不断发展。日本全面加强农村信息化建设，先后建立了市场信息服务系统、农产品交易系统和生产科研信息系统，为发展农产品流通提供信息保障，使农民足不出户便能够捕捉市场信息，实现市场交易。日本还非常重视农村金融服务，解决了农民的融资需求。

5．政府调控作用发挥得当，普遍建立了农产品流通管理体制

首先，有关农产品流通法律法规健全。由于农业生产和农产品流通的特殊性，各国政府对农产品流通领域的政策作用普遍较强，对农产品流通各环节都有明确的法律法规加以监管，以维护流通秩序、提高流通效率。如日本的《批发市场法》、韩国的《关于农水产品流通及其价格安定的法律》、美国的《农产品销售协调法》等等。

其次，农产品流通管理体制先进。如日本，农产品的产后加工、安全卫生、上市运销、零售消费等行政管理职能都归属于农业行政管理部流通厅和各地的流通室，这种农产品流通管理体制消除了多头管理、政出多门的弊端，降低了行政管理成本，提高了流通效率。

最后，发达国家政府为扩大农产品出口，普遍实行出口补贴、价格支持等措施，以提高农产品出口竞争力。例如，在积极支持扩大农产品出口方面，美国政府主要采取了以下措施：实行出口补贴，降低农产品出口价格，提高农产品出口竞争力。美国小麦、玉米、大豆、棉花等出口都由政府进行不同程度的补贴；提供出口信贷保证，如亚洲金融危机爆发后，美国决定分别向韩国、泰国等东盟6国各提供10亿美元信贷保证，用于购买美国农产品；支持建立不同产品的行业团体、协会，大力开发国际农产品市场。

（二）国外农产品流通经验的启示

1．培育和壮大农产品流通主体

培育流通主体是改善农产品流通的关键。鼓励农民、涉农企业、流通企业等多种农产品流通主体介入农产品流通，促进农产品流通领域的竞

争,尤其要提高农户个体的组织化程度,提高其谈判地位。日本的农协、法国的农业合作社,以及法国就地加工的纵向一体化模式都是培育和壮大农产品流通主体方面的成功经验。

2. 加强流通教育和人才培训

发达国家通过发展教育事业,组织系统的职业培训,提升农民从事农产品流通的技能与素质。首先重视流通教育培训,建立流通人才开发战略。其次,建立完善的多层次的农村职业教育体系,满足对流通人才的需求。发达国家在农村教育与培训方面的经验为我们提供了很好的样板。

3. 合理规划建立农产品产地批发市场,丰富其物流职能

根据农产品产销地批发市场的布局情况,借鉴荷兰农产品物流中心经验,将具备一定物流基础的农产品批发市场改造升级,建设成为农产品综合物流基地,以发挥大型批发市场和物流中心大规模集散的优势,彻底改变"散兵游勇""提篮小卖"落后的交易方式。

4. 加快农产品流通基础设施建设,加强农产品物流技术和市场信息化技术的研究和开发

一是要继续加大"村村通"建设,改善交通、通信等基础设施,构建发达的农产品信息、运输网络。二是大力发展农产品加工、配送中心,提升产地农产品批发市场水平,丰富其功能。三是加强农产品新型储藏、运输工具和设备的开发生产,尤其是农产品流通的冷链物流技术,建设农产品冷链体系,减少农产品损耗,提高农产品的新鲜度,提升农产品品质。四是把农产品批发市场信息化建设作为提高农产品流通效率的关键来抓。

5. 国家政策扶持,加强宏观调控

加强政府在农产品流通体系建设中的作用,完善农村市场流通体系的配套设施,加大财政、金融对农村建设的支持力度,实行税收优惠政策,加大财政扶持力度,加强信贷支持。加大对农村流通市场的法制管理力度,尽快建立和完善农产品流通的宏观调控体系,出台相应的法规、政策,规范农产品流通行为,打破地区分割和行业封锁,为跨行业、跨地区、跨部门的农产品流通创造良好的体制环境和条件,促进全国统一、城

乡一体的流通市场的形成，推进农产品流通体系的发展。

五、农产品流通体系优化对策

在分析了我国农产品流通体系存在的问题后，针对这些问题本研究提出了以下对策并对这些对策的先后顺序进行了排序。

（一）培育并优化多元化的流通主体

1. 培育大型农产品销售企业

鼓励具有竞争优势的农产品销售企业通过参股、控股、承包、兼并、收购、托管和特许经营等方式，实现规模扩张，引导支持农产品销售企业做强、做大。推进国有涉农销售企业改组改制，采取多种方式支持其改组改制，增强企业活力，提高盈利能力；对资不抵债、长期亏损、扭亏无望的国有销售企业，依法实施租赁、出售、债务重组和关闭破产；支持企业进行跨行业、跨地区、跨所有制的资产重组，鼓励各种资本参与流通企业改组改造。落实国务院各项改革措施，继续深化国有粮食购销企业改革，发挥衔接产销、稳定市场的作用。

政府通过实施财税、信贷、保险等政策，鼓励商贸、邮政、医药等企业在农村发展现代流通业，参与农村市场建设和农产品经营，培育一批大型涉农销售企业集团。

2. 改组改造农业龙头企业

鼓励和引导龙头企业广泛吸收农民以资金、土地、劳动等形式入股，使企业与农户形成利益共享、风险共担的利益共同体。农民既是龙头企业的"职工"，又是企业股东；既能在种养环节获益，又能获得部分加工、销售的利润，从而建立起经济增收的长效机制。龙头企业吸收农民入股后，在资金、基地、产品、质量等方面也有了保证，有利于企业加快发展。在继续大力发展农业龙头企业的同时，鼓励现有农业龙头企业特别是188家国家和省级农业龙头企业实行股份制改造，尽快做大做强。

3. 大力推进基层供销社的改革重组

供销社主要阵地在农村，主要服务对象是农民，发展基础是农业，是党和政府做好"三农"工作的一支重要力量。多年来，山东省供销社在逐步解决经济转轨所造成的困难、重新走上健康发展轨道的同时，致力于农村新型经营服务体系建设，对推动农村经济社会发展起到了重要作用。但目前供销社历史包袱沉重、体制机制滞后、职工队伍老化、流通方式落后等问题仍然比较突出，加快供销社改革势在必行。

创新供销社联合社运行机制。市、县两级供销社联合社要切实担负起对下级社进行指导、协调、监督和教育培训的职责，完善社有资产的管理、监督和运营体系。根据建设农村新型经营服务体系的要求，适应为基层供销社、社有企业和合作经济组织服务的需要，加快职能和机制转变，对社有企业行使好出资人职责，对基层供销社发挥有效的指导监督作用，在农村合作经济组织联合会等服务组织中发挥骨干带动作用。县级供销社联合社在供销社组织体系中处于关键环节，要切实保障其组织机构的完整和经费的稳定。

基层供销社是供销社的基础，是直接为农服务的生产经营组织。要坚持改造和新建相结合，创新经营体制和运营机制，充实为农服务功能，形成上下联系的紧密组织体系。一是鼓励基层供销社领办合作经济组织。充分利用基层供销社在资金、技术、设施、经营等方面的优势和资源，通过资产入股、人员进社等形式，与农民共同创办专业合作社；二是改造社有企业，实行产权多元化，使之成为服务"三农"的龙头企业；三是改造供销社网络，发展现代流通方式。大力发展连锁、配送、电子商务等新型业态和经营手段，增强基层社的服务功能，构建起具有供销社特色的新的经营网络。

4. 发展农村合作经济组织

随着市场经济的发展，农产品逐渐放开，农民直接面对市场，真正成为农产品流通行为主体。但由于对市场经济缺乏了解，农民的地域分布分散，组织程度低，致使谈判能力弱。因此，提高农民组织化水平尤为关键。

按照"因地制宜、多元创办、农民自愿、政府扶持、部门指导、市场运作"的原则，引导农民建立专业协会及各种合作组织，尽快形成横向以专业合作组织为基础、纵向以行业协会为骨干、以购销大户和农民经纪人队伍为补充的农产品流通主体新格局，解决好分散经营的农民顺利进入和不断拓展市场的问题，提高农民的组织化程度，从根本上克服分散的小生产和大市场之间的矛盾，以提高农民在市场交易中的谈判地位。

（1）以主导农产品为纽带，大力发展农民专业合作组织和农产品行业协会。认真贯彻《农民专业合作社法》，从山东农业的特点出发，抓住重点区域、重点产业和重点产品，按照"民办、民管、民受益"的原则，把从事相关产业、产品的农民组织起来，统一技术服务、统一生产标准、统一品牌销售，"建一个合作社、兴一项产业、活一方经济、富一方农民"，着力培育和扶持一批叫得响、过得硬的农村专业合作经济组织，推动农民专业合作组织的全面发展，带动农民联合开拓市场，提高市场竞争力。引导农民专业合作社逐步向股份合作制转变，鼓励以资金、土地、产品等多种形式参股，形成紧密型的利益共同体。积极支持龙头企业、农民专业合作组织在自愿互助的基础上，建立农产品行业协会，实行行业自律，政府可赋予其必要的管理职能，如市场信息发布、政策法规咨询、市场价格协调、行业损害调查、纠纷调解等。

（2）加强对现有农村合作经济组织的股份制、股份合作制改造，鼓励引导农业产业化龙头企业通过广泛吸收农民入股，与农民建立新型资产联带关系，利益共享、风险共担，形成纵向相通、横向相联、产加销衔接、农工贸一体的农村合作经济组织网络，提高农民的组织化程度，增强抵御和防范市场风险的能力。

（3）大力培育、发展、规范农村经纪人队伍。按市场化原则，坚持谁有能力谁领办，鼓励发挥农村生产和流通能人大户的带头作用，发挥他们在信息交流、价格协调、专业培训、市场营销等方面的积极作用，使之真正成为广大农民利益和行业利益的代表。

（4）加快研究制定农村流通合作组织的有关法规，健全农民专业合作经济组织的规章制度，规范运行行为，保障其合法权益。

（5）对农民进行市场经济知识方面的培训，引导农民根据市场价格组织生产。同时向农民提供充分的市场信息，使农民做出合理的生产决策。

5. 培养农民经纪人

首先，应加强农民经纪人的能力培养，一方面要依赖正规化的培训，政府可通过地方科教系统对经纪人队伍作必要的培训，另一方面依靠各类农产品加工、销售等经营组织对与自己有业务往来经纪人的实际操作训练。其次，对农民经纪人应加以规范，从法律的角度对其进行规范，并界定其相应应承担的经营风险和责任，而且在具体经营过程中，通过合同制、代理制等实际的方式规范其经营方式及内容。再次，建立必要的经纪人准入制度，保证经纪人队伍在经营实力上适应现代农业的需要。

（二）大力提升农产品的农产品化水平

农产品供应、销售不稳定，农民收入难以提高的一个重要原因是农产品流通过程中仍以大宗原产品为主，初级品、低档品偏多，高档品、高附加值、高科技含量产品偏少，农产品化、标准化水平低，分等、分级、分类和包装差，损耗率高，品牌少，进入超市销售的农产品化率很低，农产品加工转化率低，且深、精加工食品比例过小。因此，推进入市农产品质量高品质化、成品化、品牌化和终端销售超市化，实现经营规范化，是提升农产品竞争力的主要路径。

1. 农产品品质化、标准化

持续不断地提高农产品品质，使上市农产品做到卫生、安全、营养是客户的基本需求。农产品品质水平的提高主要依靠以下几种途径：

（1）绿色生产。通过改善生产条件，减少农产品生产过程中化肥、农药的使用，降低农药和有害化学物的残留，使农产品生产做到绿色化、无公害化、生态化。

（2）分拣、分级，提升包装水平，推行净品上市。农产品采摘后，通过分拣、分类、分级，对产品实现初加工，设计适宜的包装物，减少损耗，减少二次污染和流通费用。

（3）绿色物流。大力推行冷链系统，减少仓储、运输、销售过程中农产品品质的下降。

2. 农产品品牌化

品牌是区别产品或企业的名称、名词、符号、象征、设计或其组合。实行品牌化的农产品，通过稳步提升产品质量和品牌定位与宣传，可以实现农产品销售竞争差异化、质量标准化、目标市场忠诚化、产品责任归属清晰化，并可获得较高的品牌溢价，实现农产品价值增值。这是提高农产品竞争力的一个重要途径。

3. 农产品成品化

通过对农产品进行深加工，适当延长加工产业链，既方便储存、运输，减少流通费用，又方便销售，便于消费，更重要的是可以大幅度提高农产品的附加值。以玉米为例，散装玉米粮食、初加工的肯德基（KFC）、精包装的煮玉米棒和以玉米为原料进行深加工而提取的谷氨酸、赖氨酸，其价格差距可达上千倍。

（三）构建我国农产品一体化冷链物流体系

通过上面几章的分析，我们得知我国农产品流通中导致流通成本高的最主要因素是损失率太高，而冷链物流恰恰是降低流通损失率的最佳途径。

本研究拟采用协同学的思想，将复杂科学的研究方法作为方法论基础，探讨我国生鲜农产品冷链物流系统建设的突破口并提出相应对策。

基于探索图的序参量定性求解，如图3-3所示。

该探索图中虚线框内描绘了影响农产品冷链物流系统协同运作的诸多因素，其中政府政策、经济发展水平、信息技术的发展、农产品冷链物流市场需求状况、消费者需求和农户需求是现阶段的外部环境因素，我们无法进行直接干预。因而，农副产品冷链完善程度、冷链各节点之间的信息共享程度和冷链物流系统的标准体系就是主要的序参量。虚线框外描述了序参量表现、原因及相应采取的措施。

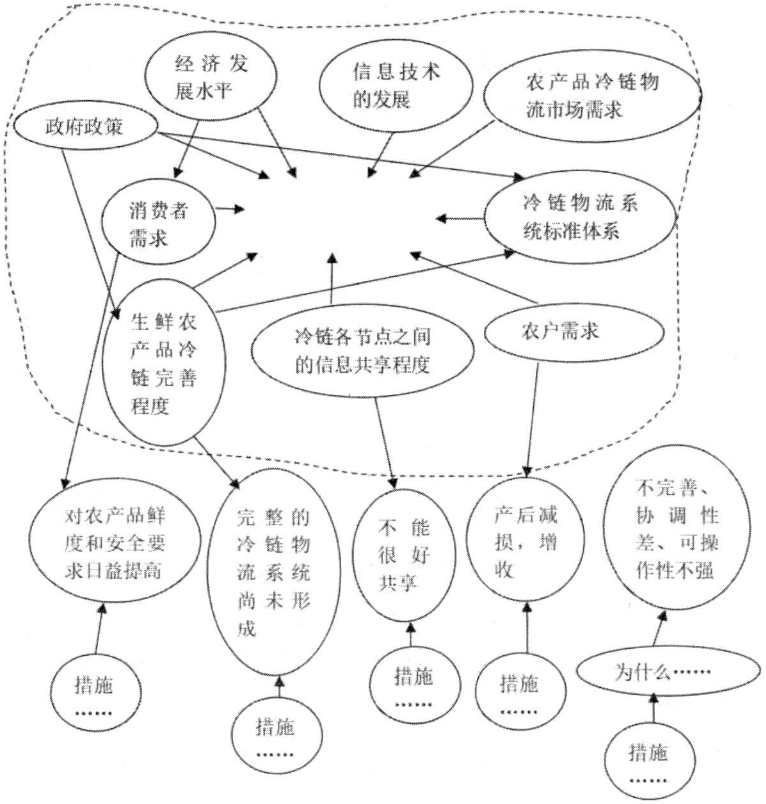

图 3-3　农产品冷链物流系统协同运作影响因素及其互动、层次关系探索图

通过图 3-4 的分析我们可以看到，农产品冷链完善程度同时影响着其他两个序参量，而冷链各节点之间的信息共享程度同时受到其他两个序参量的影响。因此，农产品冷链完善程度是当前占主导地位的序参量，这个序参量同时又是一个不良序参量，如何改善这个序参量使它变为良性序参量，是我们的当务之急，相应的农产品冷链完善策略应排在实施顺序的第一位。

目前我省乃至我国绝大部分生鲜农产品在被采摘后到销地批发市场或配送中心的这个时空范围内，没有冷链系统可以进入，仅仅到了城市物流配送阶段才有可能进入冷链系统中，针对生鲜农产品的完整的冷冻冷藏链尚未形成。而产地生鲜农产品配送中心是生鲜农产品集中的最佳场所，第三方冷链物流企业是产地生鲜农产品配送中心和销地生鲜农产品配送中心的最佳连接者,因此,它们就是对农产品冷链完善程度起主导作用的控制参量。我们可以通过建设产地生鲜农产品配送中心和鼓励第三方冷链物流企业向农村市场发展来完善生鲜农产品冷链,形成完整的冷链链条。

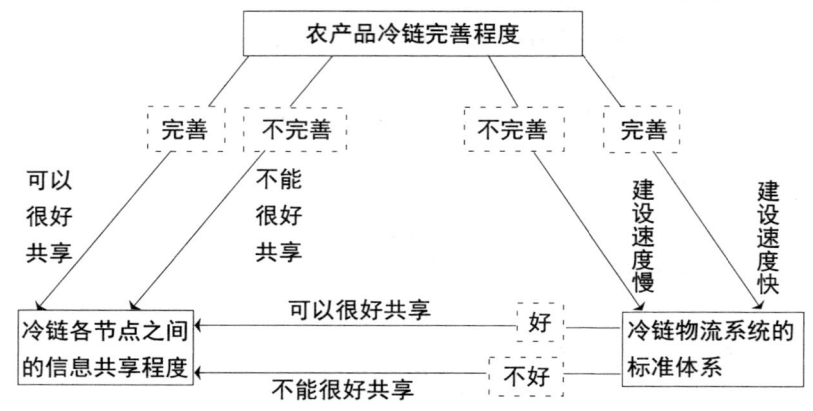

图 3-4 主要序参量的关联性

1. 建设产地生鲜农产品冷链物流配送中心

首先,我们需要说明一下产地生鲜农产品配送中心建设的原因,主要有:①产地生鲜农产品配送中心可以解决生鲜农产品"小生产,大市场"的问题,将众多农户生产的生鲜农产品汇集起来,便于与位于中游的第三方冷链物流企业对接;②产地生鲜农产品配送中心有着天然的区位优势,可以在最短时间内迅速对采摘后的农产品进行保鲜加工作业,同时经过保鲜加工过的产品易于运输,可以大大降低生鲜农产品产后损失;③在源头把控生鲜农产品的食用安全;④产地生鲜农产品配送中心可以带动农产品跨季节均衡销售,有效缓解市场供需矛盾,促进农民稳定增收,平抑农产品物价。

其次,本研究认为产地生鲜农产品配送中心的投资建设,最初可以采取由政府扶持、产地供销合作社投资建设的方法。这主要是因为:①虽然很多人提出第三方冷链物流企业或者是大型零售企业是建设生鲜农产品配送中心的中坚力量,但是以现阶段的发展状况来看,我国第三方冷链物流企业力量过于薄弱、大型零售企业力量不足,两者都无力承担产地生鲜农产品冷链配送中心的巨大投资。此外,产地生鲜农产品配送中心最好是社会化的配送中心,如果由某一个或几个企业来建设,很可能成为其独立的冷链配送中心;②发达国家发展农产品冷链物流的经验告诉我们,良好的农产品营运环境的创造是需要政府的优惠政策和资金扶持的;③通过长期的发展,供销合作社已经成为农村现代流通的主导力量,拥有终端网络覆盖面广、龙头企业力量强和为农服务能力强三大优势。由此可见,由政府扶持、产地供销合作社投资建设的方法是现阶段产地生鲜农产品配送中心建设的有效手段。

最后,吸引多方投资建设产地生鲜农产品配送中心是未来的发展趋势。由供销合作社投资建设的产地生鲜农产品配送中心不断发展壮大后,可以逐渐吸引第三方冷链物流企业、大型零售企业等多方的投资,不断加快产地生鲜农产品冷链配送中心建设的步伐,满足现代农业发展的需求。

2.鼓励第三方冷链物流企业向上游延伸

第一,我国第三方冷链物流企业极少涉足农村市场。我国80%以上的冷链企业都把矛头对准一、二线市场,都要在已经饱和的城市市场中分一杯羹。于是"大抱团"和"买科技"就成为我国冷链市场的两大特色。在沿海城市,多得跟蚂蚁一样的冷链车耗费着汽油和制冷剂,却没有达到饱和的利用率。在科技方面,企业宁愿斥巨资购买国外的科技,却不考虑中国的劳动力优势,为了微薄的利润大量裁员。冷链企业数量多,优秀的领航者却很少。

第二,农村冷链市场潜力巨大,技术要求低。我国果蔬、肉类、水产品进入冷链系统的比重只有5%、15%、23%,而在欧美日本等发达国家,农产品进入冷链流通在95%以上。市场潜力巨大。而且,在农村市场,顶尖的冷链物流科技并不是最需要的,最需要的是冷链物流的覆盖。比较低端的科技设备就可以满足农村市场的需求。同时,农村低廉的人力资本还可以降低冷链物流企业的运营成本。

第三,第三方冷链物流企业可以通过横向协同提高物流服务,降低物流配送的成本。协同各方可以互相利用对方已有的冷链物流设施设备或共同出资购买冷藏车等相关设备,并就生鲜农产品冷链物流管理达成协调统一的运营机制，形成一种集中处理农产品冷链物流业务从而降低成本的协同方式。

（四）促进农产品流通交易方式的多元化

目前，农产品交易主要是以现货交易为主，这是一种历史悠久的交易方式，这种交易方式存在着价格信息不公开，商流、物流不分离等缺陷。积极探索新的交易方式、提高交易效率已势在必行。农产品交易方式的改革方向是，逐渐采用拍卖交易、仓单交易、远程合约交易、网络交易、期货交易等交易方式。

农产品拍卖交易的优越性在于，可以降低交易费用，提高交易效率，减少鲜活易腐农产品的损失；拍卖交易更趋公平公正，可减少传统现货交易中的暗箱操作，在一定程度上减少欺诈行为；拍卖交易还可以形成权威的价格信息，对生产和消费具有重要的指导意义。发展拍卖交易一方面要建立相应的硬件设施，包括拍卖大厅、电子报价系统等；另一方面还要根据《拍卖法》制定具体的拍卖交易原则，加快农产品的标准质量体系的建设，帮助交易者改革传统的农产品经营习惯，根据拍卖要求对农产品进行分级、整理和包装。同时，还应积极发展仓单交易，如果发生农产品所有权的多次转手，农产品实体在不同所有者之间多次流动，就会增加运输、装卸等交易费用。而采用仓单交易的形式可使现货交易中的商流和物流分离，节约农产品实体运动过程中发生的费用。

目前，我国的仓单交易仅限于期货交易所。期货交易所进行仓单注册和交易的目的是方便和保障期货交割的实施。事实上，现货交易中也可运用这种形式，避免农副产品集中上市造成的价格下降，提高农民在现货市场交易中的地位。以家庭为单位的农民生产规模小，储备能力差，谈判地位低，传统的现货交易方式，只能被动接受收获季节的较低价格，独自承担价格下降的风险，采用仓单形式进行的农副产品现货交易，可以改变这一状况。

当前，电子商务的应用已获得空前的发展，新型的网上电子商务贸易为传统农业的发展带来了机遇。与传统农业贸易相比，农业电子商务具有交易虚拟化、交易成本低、交易效率高、交易透明化等特点。如今在国际互连网上全国已有几百家涉农网站，这些网站已开始尝试进行农产品的电子商务交易。农产品网上直接销售的途径很多，既可以在自己的站点上直接销售，也可以加入电脑网络广场和虚拟电子商场。具体做法是把自己的推销方案用 JAVA 做一个或数个互动界面，任顾客访问时在页面上任意挑选，当顾客决定购买时点击确定，并输入其信用卡密码，就可以快速完成交易过程，销售商从顾客的信用卡上收到钱后会立即通过快递公司把货物送到客户手中。

我国农产品流通交易方式已形成现货、远期合约及期货交易方式并存的局面，但还存在现货交易实现形式单一、远期和期货交易发展缓慢等现象。针对以上问题，改进我国农副产品交易方式的基本思路是：用信息技术推动市场交易方式创新，引导市场由目前低层次的摊位制对手交易方式逐步向合约交易、订单交易、拍卖交易方式发展；由即期交易为主逐步转向远期交易和远程交易为主。鼓励有条件的市场建立电子商务平台，完善网上磋商、网上竞价、电子结算、身份认证、交易分析与监控等系统，提高流通效率，降低交易成本。

（五）建立我国农副产品流通公共信息服务平台

信息是优化资源配置、搞活农副产品流通的基本要素，也是农业现代化管理的基本要求。因此，应重点加快市场的信息化建设，尽快完善省、市级农业信息网络，逐步健全县级信息服务体系。推广普及计算机、网络应用知识，引进信息技术人才，开发市场内部的信息资源，逐步实现农产品市场交易、结算、仓储、运输、配送的智能化管理。鼓励社会各方积极参与各种类型的市场信息体系建设，同时，充分发挥政府在市场信息体系建设中的主导作用，加快市场"公共信息体系"建设的步伐，以体现政府部门在市场信息收集和发布方面的权威性、公正性、公益性。为适应农业大生产、大市场、大流通的需要；为适应农业产业化、现代化、信息化发展的需要；为适应加入 WTO 后，提高我国农副产品的国际市场竞争力的需要，政府部门要坚持区域系统和全国中心相结合，在鼓励各地建设本地区的信息中心和信息采集发布系统的基础上，构建全国统一的信息中心和信息采集发布系统，并且实现我国各区域分中心与全国中心的信息互联共享，最终形成能够覆盖整个农副产品市场体系的信息网络。

目前，商务部建立了新农村商网，负责发布价格信息，建立全国各地买方的数据库。我国则在新农村商网的基础上建立了对接平台，将省内农民想卖的产品信息发布到新农村商网上。目前该平台已覆盖我国 4.6 万个行政村，占我国行政村总数的 97%。已通过网络发布各类供求信息 3.3 万余条，成交金额 4.2 亿元，大大推进了订单农业的发展和农业产业化。

（六）加大政府支持力度

从荷兰、日本等农副产品发展较好的发达国家的经验中我们看出，政府的支持是农副产品流通体系能够良好运作的关键点。政府作为公共管理部门，担负着建立和完善农副产品营销渠道体系、确保社会食品安全的重任，其监督作用不可或缺，政府必须加强市场监管。

一是，政府引导和培育流通组织，并健全流通组织的运行规则，将分散的农户有组织、有秩序地引入市场经济，使之发育成熟，增强农产品流通组织的竞争能力。

二是，支持和改善环境。改善农副产品流通基础设施条件，促进农业科技进步，扶持流通企业和种养大户，促进农、工、贸一体化，产、供、销协调发展。

三是，加强对流通组织的保护。政府对流通组织进行保护，主要是制定价格保护制度、关税保护制度、耕地保护制度，确保流通组织健康发展。

四是，加强对流通市场的调控，主要包括农副产品储备调节制度、农副产品市场风险基金制度、政策性农业信贷制度等，对此，我们要高度重视，以保证农副产品流通健康运行。

另外，我国应加快建立健全农副产品标准体系、农副产品质量检测体系、农副产品认证体系，建立农副产品质量监督机制，确保农副产品质量和信誉。逐步实现农副产品生产规模化、标准化、品牌化。建立绿色农副产品销售市场，逐步建立农副产品市场准入制度。要采取切实措施使国家无公害农副产品的标准落到实处,从生产基地抓起,建立从田间到餐桌各个环节的系列标准和技术规范,加强培训,推行标准化生产经营;在市场管理方面实行分区交易、标志销售,积极推行直销配送服务。

2011年12月19日中国政府网全文刊载了《国务院办公厅关于加强鲜活农产品流通体系建设的意见》,提出完善农产品流通税收政策,免征蔬菜流通环节增值税。意见明确了鲜活农产品流通体系建设七个方面的保障措施:一是增加财政投入,通过投资入股、产权回购回租、公建配套等方式,改造和新建一批公益性农产品批发市场、农贸市场和菜市场。发挥财政资金引导示范作用,带动和规范民间资本进入农产品流通领域。完善农副产品流通税收政策,免征蔬菜流通环节增值税。二是鼓励和引导金融机构把农产品生产、加工和流通作为涉农金融服务工作重点,加大涉农贷款投放力度。三是保障合理用地。对于政府投资建设不以营利为目的、具有公益性质的农产品批发市场,可按作价出资(入股)方式办理用地手续,但禁止改变用途和性质。四是加强对鲜活农产品市场进场费、摊位费等收费的管理,规范收费项目,实行收费公示,降低收费标准。严厉打击农产品投机炒作。五是严格执行鲜活农产品运输"绿色通道"政策,保证鲜活农产品运输"绿色通道"网络畅通。六是加快农产品流通标准体系建设。七是在充分发挥市场机制作用的基础上,加大政策扶持力度,强化"菜篮子"市长负责制。这个指导意见为我国接下来发展农副产品流通体系指明了方向。

六、农产品流通成本降低的路径选择

针对我国农产品流通成本过高的问题,我们提出以下降低成本的路径。

(一)推广商流、物流的分离,适应农产品销售的变化

农产品商业环节的交易可以经过多个环节,田头、菜地可以卖给场地批发,场地批发可以卖给销地批发,售地批发可以集中配给销地的零售菜

场等等。但是农产品物流要点对点，从田间可以直接运到销地的某一个点，尽可能做到统一配送，降低物流成本，把农产品商流和物流分开，适应新时期农产品销售的变化。

（二）减少流通环节，缩短农产品价格形成链

减少农产品流通环节，可以有效地节约流通成本，减少流通费用，从而达到降低农产品终端销售价格的目的。实践证明，大力发展各种农产品中介组织，可以实现农民与市场的有效对接，跨过不必要的流通环节，节约费用。一是大力发展流通合作组织，提高农民组织化程度。借鉴国际经验，可以积极引导农民组建农业合作社或农业协会，通过组织改变单个农户在市场谈判中的弱势地位和降低单个农户进入市场的交易费用。二是大力发展信息、咨询、研究、物资配送等组织，以及计量检查、生产检验等检查认证机构。三是加快经纪人队伍建设，尽快形成一支精干的经纪人组织队伍，改变农产品经营买卖双方直接讨价还价的交易方式。

（三）加快批发市场建设，促进合理价格形成

据调查，我国城市消费的蔬菜90%是通过农产品批发市场流通的，在今后相当长的一个时期内农产品批发市场仍旧是我国农产品流通的主渠道。当前，为促进农产品合理价格的形成，应重点加快农产品批发市场的建设和升级。首先，制定和实施农产品市场体系建设规划，形成布局合理、全国统一的农产品市场网络。其次，规范批发市场收费，减轻交易者负担。第三，增加投入，从根本上改变农产品市场基础设施薄弱的状况。借鉴日本、韩国和我国台湾的经验，对市场的水、电、路和大型交易设施、信息系统、结算系统等公共基础设施建设，加大财政支持的力度。第四，逐步推广现代交易方式和运作管理模式，鼓励有条件的批发市场开展期货交易、拍卖制和电子商务。第五，加快制定和完善相关法规，尽快制定《农副产品批发市场法》和《农副产品批发市场标准》等相关法规，对我国农副产品批发市场准入制度、软硬件设施管理以及违规处罚等问题做出明确规定，将农副产品批发市场的管理纳入法制化轨道。

(四）完善基础设施，降低运输损失率

改进农产品流通中的硬件设施、技术、信息化建设等问题，可以有效降低农产品运输损失率。包括乡村公路农产品运输设施低温物流、运输设施的建设，产地预冷设施、储藏设施和市场流通冷藏设施的建设，保障实现农产品物流具有良好的载体；发展高水平的农产品加工配送物流中心，结合各地农产品加工、流通、销售及贸易情况，在重点地域或地区建设综合型物流中心；重点加大物流科技投入力度，提高我国农产品物流技术的专业化水平；加强对运输、仓储等设施的完善，引进网络技术，实现农产品流通的智能化，有效防范农产品流通过程中不必要的损失。

（五）积极发展电子商务，降低交易成本

据国际通行的算法，与传统商务相比，电子商务可节约直接成本15%、间接成本75%。由于农产品具有价格低、数量大、品种少、标准统一等特点，非常适于开展电子商务。通过电子商务可以把区域性、分散性的农产品集中在一个或几个平台上以适应消费者多变的需求，改变农产品在产地供过于求、在销地供不应求的市场分割局面，减少流通环节，缩短交易时间，降低交易成本，提高流通效率。当前，为促进我国农产品电子商务的快速发展，应在以下几个方面采取措施：一是主管部门要做好电子商务的发展规划和宏观指导；二是加强农产品行业信息化基础设施建设；三是积极推进农产品电子商务的相关法律、法规建设；四是加强金融、交通、安全保障部门的联系和合作，尽快建立健全适应电子商务发展的结算、配送及安全防范体系；五是积极推进全国农产品电子商务平台的建设。

（六）建立高效"绿色通道"，降低运输成本

一是随着跨省农产品流通的日益增加，政府应制定统一、长效的农产品"绿色通道"政策，打破省际的政策壁垒，降低跨省流通成本；二是加强对绿色通道相关政策落实情况的检查，清理和取消农产品流通中的不合

理收费，适当调整过路费收费标准，降低农产品运销成本；三是延伸和拓展现有的农产品"绿色通道"，除在公路上开通"绿色通道"外，还应开通相关铁路、航运、水运通道，有效利用现有运输资源，最大限度缓解公路运输的压力；四是扩大纳入"绿色通道"的农产品范围，逐步将粮食等大宗农产品纳入优惠范围。

（七）着力发挥政府作用，创造宽松流通环境

最近几年，我国政府致力于创造农产品宽松流通环境。2011年12月19日，《国务院办公厅关于加强鲜活农产品流通体系建设的意见》中提出完善农产品流通税收政策，免征蔬菜流通环节增值税。意见指出，要加强部门协作，完善市场监测、预警和信息发布机制。建立健全重要农产品储备制度，完善农产品跨区调运、调剂机制。各城市要根据消费需求和季节变化，合理确定耐贮蔬菜的动态库存数量，保障应急供给，防止价格大起大落。加快鲜活农产品质量安全追溯体系建设。针对农产品的批发、农贸市场，政府应予以减免房地产税、城镇土地使用税等等。同时免征鲜活肉、蛋、菜和其他一些商品的流通环节增值税。下调了部分银行刷卡的手续费等等。

为了能够确保政府政策能够确实执行，首要任务就是要联手加强信息共享和多部门联席会议机制，以农产品生产、流通的先行指标为基础，建立不以农产品一时的、暂时的多与少为依归的前瞻性的反周期调控监测体系，实行反周期应对。除此之外，政府应充分发挥宏观调控作用，将农产品现行指标的监测预警前移、下沉，至少提前一个周期，分品种发布供求动向信息，向社会提出前瞻性、精确化的种养殖信号和建议，提供蔬菜食品供求、价格走势等预测信息的指导和服务。

与此同时，对农产品价格波动，还要具体分析，做到两个分清。第一是分清相互关联的两种短期波动。一是实体经济中真实的供求关系发生变化所导致的价格周期性、规律性的正常波动；二是在此基础上由过度投机、体制弊端、预期偏差等因素所导致的被放大的异常波动。其中，若不想给过度投机热钱获取暴利的机会，就需要构建牢靠、灵敏、高效、安

全、低成本的产供销体系。

七、结论

进一步搞活农产品流通，尽快形成开放、统一、竞争、有序的农产品市场体系以及完善的农产品流通体系，为农民提供良好的市场环境，是农业和农村经济持续稳定发展的迫切需要。我国目前正经历着前所未有的发展机遇和历史时刻。国家大力推进中原经济区建设正等待着我们开拓精神、解放思想、创新务实地去干好自己的每一项工作。但机遇和挑战是并存的，我们应该努力去面对这些挑战，而不是去回避它、躲避它。我国农产品流通体系的优化与建设就是这样。虽然我国在农产品流通领域取得了相当大的成绩，但是我们应该看到我们的不足和问题。我们与国外发达地区比较依然是处于比较落后地位的，如何让广大农民真正富裕起来是问题的关键。现今社会，只有联合起来，形成规模优势，才能取得胜利，而我国在这一方面还比较欠缺，农民合作组织不发达，什么问题都要靠政府来协调，摆脱不了以前的经营模式，"等、靠、要"等想法依然普遍，这些都不能适应新形势的要求。我们应该大力组织和发展产地中介组织，把我国的优势都整合到一起，形成拳头。在此基础上培育适应现代市场形势的流通主体、流通体系等，这样才能适应未来的要求。

第四章 河南以农业机械化走向农业现代化

第四章　河南以农业机械化走向农业现代化

一、建设中原经济区以农业机械化带动农业现代化

2011年，备受海内外关注的"中原经济区"被正式列入国家十二五规划，上升到国家战略层面。中央在"顶层设计"时把中原经济区建设列入进去，建设中原经济区成了国家总体规划中的一员。十二五规划是指导中国科学发展、加快发展的行动纲领和远景蓝图，是国家战略性、宏观性的指导规划，是五年期我国发展的一个纲领性文献，是十七届五中全会的一个重要决定。在2012年的两会上，中央领导指出：中原经济区作为国家层面重点开发区域，包括河南省以郑州为中心的中原城市群部分地区。这一区域将成为支撑全国经济又好又快发展的新的经济增长板块。我国是农业大国，河南是农业大省，郑州又是河南省的省会，肩负着保障国家粮食安全的重任。农业是国民经济的基础，没有实现机械化的农业不能称之为现代化农业。农业技术装备已成为先进农业技术的载体，成为推动农业技术革命，促进农村经济全面发展的必要保障。郑州市农机局准确理解中央经济政策精神，紧紧抓住国家扩大内需给农业农机发展带来的一系列重大机遇，以农业增效、农民增收为目标，不断加大资金投入，加强组织领导，着力政策落实，突出示范效应。此举措推动了农业机械化快速发展，有力地支撑了农业和农村经济发展，促进了农业综合生产能力和农民收入的提高，加快了农业现代化步伐。

2011年寒冬腊月，温家宝总理来河南调研时说："河南是中国的缩影，也象征着全国的发展。我对中原经济区建设、对河南发展寄予厚望。河南这块古老的大地，一定能够通过中原经济区的带动焕发青春。"党和

国家领导人对中原河南的厚爱和重托,鼓舞人心,催人奋进。中国河南居天地之中,中国之中,中部之中,中原之中,是中华民族的圣地,中华文明的发源地,祖国版图的心脏,中国崛起的动力所在。

建设中原经济区,可以提升经济区内人均收入、产业层次和城镇化水平;可以有力促进国家区域协调发展,更好地承接国际国内产业转移,推动经济发展方式转变,推进中部地区加快崛起,较好解决全国重要的粮食主产区"三农"和"三化"(农业的产业化、农村的城镇化和农村的工业化)协调发展问题。这意味着农业的复兴、创新和发展。因此,建设中原经济区,影响深远,意义重大。每一个党员干部和农机工作者,都应把思想和行动尽快统一到党和国家以及省委、省政府的科学规划和决策上来。

中原经济区将以现代农业核心区建设为基础之一,农业机械化也必将带动该区域农业现代化的发展。当前,我国农业机械化迈向了中级阶段,我们必须用积极的态度研究探索,搞好发展与对接。继续发挥农业创新,农机引航的作用。农业作为我国安天下、稳民心的战略产业,农业机械化一直是政府政策倾斜的重点。自2004年起,中央一号文件连续七年出台农机购置补贴政策,大大加快了中国现代大农业的发展进程,中国农业机械化发展已进入最好的发展期。值得兴奋的是:"十一五"我国农机化发展迅速,五年里,农机化法律法规政策体系基本建立,购机补贴逐年增长,中央财政投入达354.7亿元,带动地方和农民投入约1187亿元,补贴购置各类农机具1108万台套,拉动规模以上农机工业产值年均增长超20%,实现了我国耕种收机械化水平达到52%的历史性跨越。郑州市农业机械化水平大幅提升。随着工业化、城镇化步伐的加快,为农机化发展带来了迫切需求,加快推进农业现代化、转变农业发展方式、优化农业生产力布局必将为农机化发展开辟广阔的空间。鉴于此,郑州市农机局审时度势,积极协调完善制定各项法规、政策、措施,主动争取财政支持,扩大补贴范围和农民的选择权,加大政策宣传力度,提高工作透明度,大大激发了农民购机用机的积极性,收到了农民受益、企业获利、政府满意的多重效果。在各项政策的推动下,在现代化农机装备支撑下,机械化作业水平得到了较快提高。目前,主要粮食作物综合机械化水平达到72%,机耕水平达到78.30%，花生、红薯、大蒜等薄弱环节机械化作业突破了空白，取得了实质性进展；设施农业机械化正在加快发展，现代农业稳步推进。农业生产方式实现由畜力为主向机械作业为主的历史性跨越。机械化在农业生产方式中的主导地位正在不断增强，为农业农村经济发展和粮食安全提供了强有力的保障。

"十三五"我国农机专业户已超过500万，农机合作社等作业服务组织约20万个，每年作业服务面积累计超过40亿亩，成为农业发展的重要支撑。农机化社会化服务既为广大小农户解决了耕种难的问题，也让先进的农业技术得到应用。国家农机购置补贴政策实施14年来，中央财政累计投入资金2000多亿元，直接惠及农户3300多万，扶持农民和各类农业经营主体购置农机具4000多万台/套，有力促进了农业机械化的跨越式发展。在政策实施同期的14年里，从2004年到2017年，全国大中型拖拉机拥有量由110万台增加到670万台，增加约5倍；每百户农民拖拉机拥有量由6台增加到13台，增加1倍多；亩均动力由0.33千瓦增加到0.49千瓦，增幅明显。

总体看，我国农机制造体系基本健全，技术水平逐步提升，开放合作初显成效，有力保障了我国农业机械化的稳步发展。据统计，我国现有农机装备行业规模企业2500多家，2017年产值规模达4500亿元。可以说，农机化提升了科技化水平，促进了规模化经营、标准化生产。

随着建设中原经济区战略的实施，河南发展站在了新的历史起点，农业机械化也不例外。如何用高科技含量的机械化带动农业现代化，农机化工作与中原经济区建设如何实现对接，如何创新发展提升自己，政府如何破解"人往哪里去、钱从哪里来、民生怎么办、粮食怎么保"的难题，是我们领导干部需要深入分析思考的首要问题。

（一）从宏观政策分析来看，我国政府大力支持农业机械化，高度重视粮食生产

我国已出台了《农业机械化促进法》《农业机械购置补贴专项资金使用管理暂行办法》等一系列支持和促进农业机械发展的法律法规和政策措

施,同时,国家也将包括高效玉米联合收割机在内的多种农牧业机械列入国家装备制造业振兴计划之中。

中原经济区建设要力保粮食稳产增产。河南省是我国第一产粮大省,粮食总产已连续十年居全国第一。为了进一步提高我省粮食生产能力,保障国家粮食安全,2009 年,国家发改委批复《河南省粮食生产核心区建设规划》。规划的总体目标:到 2020 年,在保障全省 1.03 亿亩基本农田的基础上,粮食生产核心区粮食生产用地稳定在 7500 万亩,使全省粮食生产的支撑条件明显改善,抗御自然灾害能力进一步增强,粮食生产能力达到 650 亿公斤,成为全国重要的粮食生产稳定增长的核心区、体制机制创新的试验区、农村经济社会全面发展的示范区。我们不仅要稳定提高粮食综合生产能力,为国家粮食安全做出更大贡献,而且要以粮为基础、统筹"三农"、推动全局,为促进发展探索出一条工业化、城镇化与粮食安全双赢的全新发展道路。这些先期规划、先导优势和基础助推中原经济增长毫无疑问。

(二) 我国农业机械行业的整体提升趋势较大

从国际上来看,世界主要发达国家美、日及欧洲等国,农业机械化早在 1970 年以前就已完成,目前这些国家的农业综合机械化水平均已超过 90%。根据有关政策信息,2020 年我国的综合农机化率已达到 65%,其中小麦、水稻和玉米的耕种收综合机械化水平已分别超过 90%、80% 和 70%。随着"三农""三化"问题的解决,未来我国农村劳动力成本将进入上升期,机器将逐渐替代人工,从而形成我国农业机械的潜在需求,而国家推出的一系列强农、惠农政策将把这种潜在需求转化为现实需求。

从发展空间来看,我国目前状况与世界水平相比,我国农机提升发展空间仍然巨大。值得欣慰的是:农业机械化成为推进河南省粮食核心区建设、促进农业结构调整、增加农民收入、转变农业发展方式的重要保障,也必将为中原经济区的农业核心区建设书写新的华章。推进发展现代农业,确保农产品有效供给是 2011 年中央经济工作六大任务之一,被列在第二位。农机管理部门必须准确理解中央经济政策的精神,紧紧抓住国家扩大内需给农业农机发展带来的一系列重大机遇，立足全局，超前思考，积极谋划，抢占先机，积极争取中央新增农机补贴和项目投资的较大份额，加快推进中原经济区现代农业、农业机械化建设。

（三）利用中原经济区的区域优势，把农业机械化提升到领先水平

河南省平原地区土地平整，适宜于大规模机械化作业，"中国一拖"过去一直是国内农业机械制造业的"大哥大"，国内的装备制造业具备农业机械化的现实需求。2010年7月，胡锦涛在豫期间，前往中国一拖集团有限公司等3家国有大型企业考察。他还兴致勃勃地登上一台最新研发的大功率轮式拖拉机察看。2010年6月，温家宝来河南考察三夏工作，我们从新闻中看到温家宝亲自驾驶东方红拖拉机在田间作业，给正在着力推进中原崛起的河南干部群众增添了新的力量。农业机械作为支撑农业生产方式升级的主要方式，使河南地区小麦的农业机械化一直处于国内领先水平。在中原经济区开发战略中，已经形成粮食生产核心区优势的农业无疑将成为建设发展重点之一，服务带动于农业现代化的高新农业机械有望从中受益。国家在支持中原地区发展上倾斜而出的大量优惠政策或将兑现。

国家农业部原部长韩长赋在谈"十二五"发展粮食生产时说：大力提升农机装备水平。科技兴农，促进粮食生产发展。需要良田、良制、良种、良法、良机的有机结合，也即所谓"五良保粮"，其中良机的作用越来越突出。2020年，我国农作物耕种收综合机械化率达到70%，提前一年实现"十三五"目标，小麦、水稻、玉米三大粮食作物生产基本实现机械化。要继续实施好农机购置补贴政策，进一步扩大农机装备总量，优化农机装备结构，推广先进适用农机装备和技术，重点提高水稻机插、玉米机收和深松整地等薄弱环节农业机械化水平，积极发展农机社会化服务，用高科技含量的机械化带动农业现代化。2019年，我国支持江西等6省开展标准化骨架大棚补贴试点，在26个省份开展39种农机创新产品补贴试点，在20个省份开展植保无人飞机规范应用试点。同时，完善了农机

购置补贴资金管理使用方式,农民购机筹资能力进一步增强;在资金保证、装备先进、政策健全的情况下发展农业机械化,加大推进农技农艺结合的力度。

只有制定科学合理的农艺标准和机械化作业规范,才能做到农作物种植的模式化、规范化、标准化。郑州市农机局根据地理位置、气候特征、农民种植习惯,结合全市正在创建的"都市农业",从农业现代化的角度出发,制定了合理的机械化工艺规范,把各种农作物的栽培措施,如播期、密度、施肥期、施肥量等加以定量化、指标化,对各种田间作业方法及手段制定了统一标准和指标,形成了完整、协调的机械化工艺方案。通过举办"刚光培训",广大农民朋友取得了茎块作物收获机械化技术和保护性耕作技术的新突破。目前,经济作物、设施农业机械化技术正在加快应用,保护性耕作面积正在逐步扩大,为农业增产增效、农民增收和生态环境改善提供了技术支撑。特别是干旱时期农机农艺结合集成推广的抗灾增产技术,使小麦产量有望再创新高。因此,我们要利用中原经济区的区域优势和未来新的发展,把农业机械化提升到领先水平。

(四)抓住重大机遇,迎接新的挑战

我们还要充分认识到,农业机械化是农业实现现代化的关键一环,没有农业机械化就没有农业现代化。同时也应当看到,在补贴政策推动下虽然我国农机总量快速发展,但巨大的人口基数仍使中国农机人均保有量处于世界平均水平之下,综合机械化水平仅约52%,并呈现明显的结构性失衡现象。农作物机耕机械化水平显著高于机播和机收,粮食作物机械化水平普遍高于经济作物,差距很大,丘陵山区小型机械化技术不够成熟,仍处于起步阶段,随着农机的猛增,其售后服务、机械维修等方面的工作必须得到加强。农机的跟踪服务难度加大,农机高新技术推广有待进一步加强宣传力度,这是所面临的困难和挑战。农机购置补贴是一项十分严肃的惠农政策,必须严格按照规定程序实施,加大政策宣传力度,使之家喻户晓,从而进一步提高农民的购买热情。

科学技术是第一生产力。"十三五"时期,我国将农业科技进步作为

增加粮食等重要农产品有效供给、提高农产品质量的根本途径；同时，把绿色、高效作为粮食生产技术发展的方向。大面积推广科学施肥、节水灌溉、绿色防控等节本高效技术。目前，农业科技进步贡献率达到59.2%，水稻、小麦、玉米三大粮食作物的农药、化肥利用率分别是39.8%和39.2%。2019年，全国粮食总产达6638.5亿公斤，创历史新高。人均粮食占有量超过470公斤，高于世界平均水平，也高于国际公认的400公斤安全线。

从传统的"镐锄镰犁"到智能化的"金戈铁马"，粮食生产机械化智能化水平不断提高。我国加大对农机制造业的产品研发和技术改造投入形成了具有一定规模的产业链，对农民购置农机具给予补助，有力推动了农业机械化进程。

同时，我们要利用中原经济区的区位优势和未来新的发展，把农业机械化提升到领先水平，带动农业现代化，从而加快中原经济区建设的速度。

二、多措并举发展农机现代化加快推进都市区农业发展方式转变

近年来，郑州市各级农机管理部门站位于打造中原经济区核心增长区的高度，把思想统一到市委、市政府的决策部署上，加快推进农机现代化促进农业经济发展方式转变。

一是找准站位，多措并举，农业机械化水平大幅提升。近年来，各级农机管理部门坚持从实际出发，积极探索服务经济社会发展的新路子，在服务都市区建设大局中找准站位，在推动加快都市区建设过程中发挥职能作用，不断提高农机工作者的大局意识、社会意识和协调意识。随着我市工业化、城镇化步伐的加快为农机化发展带来了迫切需求，加快推进农业现代化、转变农业发展方式、优化农业生产力布局为农机化发展开辟了广阔的空间。郑州市积极完善制定各项法规、政策、措施，主动争取财政支持，扩大农机补贴范围和农民的选择权，加大政策宣传力度，提高工作透明度，激发农民购机用机的积极性，收到了农民受益、企业获利、政府满

意的多重效果。在各项政策的推动下，在现代化农机装备支撑下，机械化作业水平得到了较快提高。

二是积极引导，大力扶持，农机服务组织蓬勃发展。郑州市针对农业经营体制一家一户的小规模经营不适合机械操作，限制农业机械化发展的现实，积极引导，大力扶持，建立了农机服务组织，实现了代耕代播代收的全方位服务。农业局与财政局联合印发了为切实做好2018~2020年农机购置补贴工作，支持引导农业机械化全程全面高质高效发展，推进农业"四优四化"，促进农业供给侧结构性改革，助力乡村振兴战略实施，结合郑州市农业和农机化发展实际，制定《郑州市2018~2020年农业机械购置补贴实施指导意见》。

三是集约化生产，规模化发展，进一步加大农机农艺结合力度。在做好资金保证、装备升级、政策健全推进农业机械化发展的同时，郑州市还注重加大推进农机农艺结合的力度。制定科学合理的农艺标准和机械化作业规范，做到农作物种植的模式化、规范化、标准化。在不改变土地所有制前提下，一条集约化、规模化耕种土地的农业发展之路正在使更多的农民从土地中解放出来。调整农民的种植习惯，建设都市农业，以城市发展带动农业增效、农民增收，用工业的、科技的、景观的、生态的理念发展都市农业，是郑州市农机局站位于打造中原经济区核心增长区和建设全国区域性中心城市的战略高度，坚持主动服务、技术先行、集中培训、逐步推广的工作机制，以农民的需求为重点，高起点、高质量、高效率地建设具有幸福感的郑州都市区的重要举措。

四是把握新要求，面对新课题，提高农机工作服务经济社会发展的能力。郑州市农机局认真研究郑州都市区建设对农机发展带来的新要求，积极面对实现农机现代化推动经济社会发展的新课题。查找农机部门服务都市区建设的不利因素和问题，努力解决由于缺乏财政和信贷资金的扶持、农机专业合作社服务领域窄、缺乏持续发展后劲等问题，深入破解因土地流转难度较大、大型农业机械无法真正发挥作用、主要作物薄弱环节机械化（如玉米机收）推进缓慢等问题。为此，该局坚持解放思想、实事求是、与时俱进，着眼于发展"大农机""和谐农机"，把握农机现代化发展的客观规律。研究出台《关于加快农机专业合作社的意见》，明确支持农机专业合作社发展的具体措施和标准，落实优惠政策，加大扶持力度和信贷支持，引导农机专业合作社积极参与土地承包、土地流转和农业产业化项目，鼓励特色化发展，将农机专业合作社建设扶持引导资金纳入财政预算，重点扶持符合国家产业政策、经营能力强、特色明显的农机合作社。吸引企业和民间资金发展农机专业合作社，拿出40%的农机购置补贴资金用于农机专业合作社，鼓励更多的农户以土地入股，带动土地流转，发展集约化经营、规模化生产、产业化服务，不断提升我市农业薄弱环节机械化水平，壮大农机专业合作社实力。打造郑州农机专业合作社的亮点，以实际成果凝聚人心，以坚实步伐为持久动力，实现都市区农业建设更长时间、更好质量、更高水平的发展。

三、用农业机械化助力航空港经济综合实验区

航空港经济综合实验区的批复，说明我们河南，特别是郑州已上升到国家战略层面。中央在"顶层设计"时把河南，也把郑州列了进去，我们成为国家经济社会建设总体规划中的重要一员。

航空港经济综合实验区是中原经济区建设的重要抓手，将成为支撑全国经济社会又好又快发展的新的经济增长板块。我国是农业大国，河南是农业大省，郑州又是河南省的省会，肩负着保障国家粮食安全的重任。农业是国民经济的基础，没有实现机械化的农业不能称之为现代化农业，农业技术装备已成为先进农业技术的载体，成为推动农业技术革命、促进农村经济全面发展的必要保障。郑州市农机局准确理解中央经济政策精神，紧紧抓住国家扩大内需给农业农机发展带来的一系列重大机遇，以农业增效、农民增收为目标，不断加大资金投入，加强组织领导，着力政策落实，突出示范效应，推动了农业机械化快速发展；有力地支撑了农业和农村经济发展，促进了农业综合生产能力和农民收入的提高，加快了农业现代化步伐。

建设航空港经济综合实验区的主战场在郑州，能否尽快实现"全国找

坐标、中部求超越、河南挑大梁"的宏伟目标，农业是关键。中央要求和全国期待，无论什么情况下河南，特别是郑州都要保证农业，这是不争的现实。那么，如何建设航空港、打造航空都市，郑州农业怎样才能跟上航空城的发展速度？在党中央和国务院的指导下我们经过痛定思痛的考虑后，认为，目前要迅速建设都市型农业。

建设航空港经济综合实验区现代都市型农业是基础之一，农机现代化是带动现代都市农业发展的必要手段。如果我们还拉着萝卜、红薯想用飞机运到国外，那叫航空城吗？如果国外游客一下飞机要看我们的农业，到处尽是一望无际的玉米、大豆，那怎么叫都市？因此，我们要发展都市型农业。在这方面，郑州市的农机化已走在了前列，但是我们还需要用积极的态度研究探索，搞好发展与对接，继续发挥农业创新、农机引航的作用。农业作为我国安天下、稳民心的战略产业，农业机械化一直是政府政策倾斜的重点。自2004年起，中央一号文件连续出台农机购置补贴政策，大大加快了中国现代大农业的发展进程，中国农业机械化发展已进入较好的发展期。值得兴奋的是，郑州市农业机械化水平大幅提升。期间，除中央财政、省财政投入外，郑州市财政也投入达6300万元，实现了郑州市耕种收机械化水平达到76010的历史性跨越。随着工业化、城镇化步伐的加快，为农机化发展带来了迫切需求，加快推进农业现代化、转变农业发展方式、优化农业生产力布局必将为农机化发展开辟广阔的空间。鉴于此，郑州市农机局审时度势，积极协调完善制定各项法规、政策、措施，主动争取财政支持，扩大补贴范围和农民的选择权，加大政策宣传力度，提高工作透明度，大大激发了农民购机用机的积极性，收到了农民受益、企业获利、政府满意的多重效果。在各项政策的推动下，在现代化农机装备支撑下，机械化作业水平得到了较快提高。同时，花生、红薯、大蒜等薄弱环节机械化作业突破了空白，取得了实质性进展；设施农业机械化正在加快发展，现代农业稳步推进。农业生产方式实现由畜力为主向机械作业为主的历史性跨越。机械化在农业生产方式中的主导地位正在不断增强，为农业农村经济发展和粮食安全提供了强有力的保障。

目前，在郑州以农机合作社为代表的新型农机服务组织已经成为农业社会化服务的重要力量,农机服务业已经成为农民增收致富的重要渠道。农机作业服务专业户和农机专业合作社成为农业机械化的发展主体,通过订单作业、承包服务、合同作业和跨区作业等形式,开展农机生产作业服务,提高了农业机械化的进程,大大加快了先进农业机械的推广应用,促进了适度规模经营和产业化发展。尽管有这些成绩,但是合作社如果现在还仅仅是处于这个层次,那就距离都市型农业太遥远了。我们应看到差距,把流转过来的地仅仅用来种植科技含量不高的粮食,或代收或种、粗线处理秸秆,与京津都市型农业相比,则失去了"流转"意义。所以,指导农机合作社的工作,应用都市型农业的理念迅速转变广大农机合作社理事长的思想。

(一)郑州具备现代农业种植科研加工的条件

从 2000 年起,河南粮食产量连续十二年居全国首位,从 2002 年起,河南夏粮开启了十年增产的奇迹。这里以全国 1/6 的土地,生产了占全国 1/10 的粮食和 1/4 以上的小麦,每年输出商品粮和粮食制成品 150 亿公斤。粮食年年增产,让河南的农产品深加工必须加速驶上快车道。中国人每吃两根火腿肠,就有一根产自河南,三块饼干河南有其一,三包方便面就有一包在河南生产,两个速冻水饺就有一个在河南加工。河南一大批农业产业龙头企业叫响全国。河南双汇,全国最大的肉类加工企业;河南华英,全球最大的肉鸭加工企业;速冻食品,河南有全国最大速冻食品生产基地;河南食用菌、方便面、调味品全国产量第一。三全、思念、白象等一大批知名品牌享誉全国。河南就此成为粮食、肉类加工能力最强的省、食品工业品牌最多的省,也成为中国的粮仓和厨房,等等。这些农产品科研、种植、深精加工优势需要全世界人民知晓,也要让全世界人民享用。这些是都市型农业的重点,这就要用飞机、电波传送到七大洲八大洋。

如今"中原熟、天下足"。河南作为中国的粮食主产区,这块土地上的春耕夏种秋收时时刻刻受到全国甚至全世界的关注。

1998 年之前,河南种植的小麦曾为解决中国的温饱问题立下过汗马功劳。但这些小麦都是只适合加工面条、馒头的中级麦,那些附加值高、用来生产面包的强筋麦和用来生产饼干的弱筋麦在当时中国几乎全靠进口。后来，由于信息广资源多，观念转变，种植科研和加工的技术增强，引进和推广了优质的种子和精加工技术，小麦出现了连年增产和高档次加工产品，这些都需要农机化的再创新。

观念一转天地宽，种植结构的调整，农业推广方式的转变，改变的不仅是中国粮食的进出口格局，随着农业产业化链条的延伸，农、林、牧、副、渔业全面发展，农民收入大幅增加。河南开始向农业现代化迈出一大步。

随着中原经济区上升为国家战略，走好"两不三新"三化协调发展之路，强调不以牺牲农业和粮食，大力发展农业现代化。河南省巨大的市场优势、人力资源优势和农业基础优势不断显现。一大批农产品科研、深加工、农业信息推广、农业机械材料等产业，正加速向河南转移。这些为农机化的创新提升拓展了空间，当务之急是要瞄准世界农业科技高端，集聚各地农业机械创新资源，通过引进国内外企业、科研院所和高校的农机新技术，组织郑州市乃至河南省农机企业，研发一批适合郑州市现代都市农业发展的新设备。

郑州市农产品深加工在中西部省份已位前列，国内及世界知名的农产品加工制造主力向郑州转移，形成了重要的农产品供应链基地。这些为农机化的创新提升提出了新的课题。

目前，我们要用发展工业的理念发展农业，强力推广先进种加工技术和优质种子，优先发展优质高效农业，大力发展订单农业、标准化农业，实行农产品区域布局，大力发展农产品的精深加工和综合利用，变农产品为工业品，推进农业的工业化，为航空都市打基础。

郑州市召开了全市农机科教工作会议，围绕都市型农业产业链建设的机械需求，将农机科教、农机推广、农机信息等要素植入都市型农业产业链中，为郑州市都市型农业产业提升提供科技引领和服务。

（二）郑州具有农业机械化整体提升趋势

从国际上来看，世界主要发达国家美、日及欧洲等国农业机械化早在1970年以前就已完成。目前，这些国家的农业综合机械化水平均已超过

90%。根据有关政策信息，2020年我国的综合农机化率达到65%，其中小麦、水稻和玉米的耕种收综合机械化水平将分别超过90%、80%和70%。发展郑州市的都市型农业，发展现代农业，机器将逐渐替代人工，从而形成郑州市都市型农业机械的潜在需求，我们要努力推出的一系列强农、惠农政策，把这种潜在需求转化为现实需求。

从发展空间来看，我国目前状况与世界水平相比，未来我国农机提升发展空间仍然巨大。值得欣慰的是：农业机械化成为推进河南省粮食核心区建设、促进农业结构调整、增加农民收入、转变农业发展方式的重要保障，也必将为中原经济区的农业核心区建设书写新的华章。

推进发展现代农业，农机管理部门必须准确理解当前都市型农业的精神，紧紧抓住航空港经济综合实验区给农业农机发展带来的一系列重大机遇，立足全局，超前思考，积极谋划，抢占先机，积极争取中央新增农机补贴和项目投资的较大份额，加快推进航空经济区现代化农业建设，今后要在高档花卉和农产品精深加工机械上下功夫。

随着建设航空港综合经济试验区战略的实施，河南农业发展站在了新的历史起点，农业机械化也不例外，如何用高科技含量的机械化带动农业现代化，农机化工作与航空经济区建设如何实现对接，如何创新发展提升自己，政府如何破解"郑州种什么？养什么？卖什么？怎么卖"的难题，是我们领导干部需要深入分析思考的首要问题。

（三）郑州具有发展都市型农业的领先优势

农业机械作为支撑农业生产方式升级的主要方式，使河南省小麦的农业机械化一直处于国内领先水平。在未来的航空经济区开发战略中，已经形成粮食生产核心区优势的农业无疑要建设都市型农业，而服务带动于农业现代化的高新农业机械业有望从中受益。

要继续实施好农机购置补贴政策，进一步扩大农机装备总量，优化农机装备结构，推广先进适用农机装备和技术，重点提高水稻机插、玉米机收和深松整地等薄弱环节农业机械化水平，积极发展农机社会化服务，用高科技含量的机械化带动农业现代化。同时农机农艺结合力度要进一步加大。在资金保证、装备先进、政策健全的情况下发展农业机械化，还要加大推进农技农艺结合的力度。只有制定科学合理的农艺标准和机械化作业规范，才能做到农作物种植的模式化、规范化、标准化。根据地理位置、气候特征、农民种植习惯，结合"现代都市农业"，从农业现代化的角度出发，制定合理的机械化工艺规范，把各种农作物的栽培措施，如播期、密度、施肥期、施肥量等加以定量化、指标化，对各种田间作业方法及手段制定统一标准和指标，形成完整、协调的机械化工艺方案。相关部门通过举办"阳光培训"，让广大农民朋友取得茎块作物收获机械化技术和保护性耕作技术的新突破。目前，经济作物、设施农业机械化技术正在加快应用，保护性耕作面积正在逐步扩大，为农业增产、增效，农民增收和生态环境改善提供技术支撑。因此，我们要利用航空经济区的区域优势和未来新的发展，把农业机械化提升到领先水平。发展都市型农业，开放平台和载体至关重要，在这一点上，郑州市早已在机场附近区域集中布局了中牟县的国家农业示范园、亚洲第一大绿博园、新郑市几个乡镇的高效农业产业园和国家干线公路物流港、铁路集装箱中心站等。这些开放平台不仅功能日益完善，而且预留了足够的扩展空间，为发展都市型农业创造了良好条件，为农业机械提供了施展才能的机会。

另外，我们还成立了农机协会，举办了农机发展论坛，开展了农机合作社培训和企社共建联谊，把生产农机的企业、销售农机的企业和使用农机的农民，联络起来，系统起来，产、销、用一体化、一个链条，打牢了我们的农业基础设施。农业生产上需要什么样的机械，企业就能迅速生产出来，保证了粮食的生产、加工、使用和科研。这些农产品的精深加工后的产品需要在世界范围内流动，反过来，世界各地的农业信息又能促进我们的农业。这就是我们为都市型农业做的基础性工作。

作为基层的农机工作者要把市委、市政府的顶层设计变为自觉行动，把顶层的焦虑变成普遍的焦虑。顶层设计再好，也要有来自底层的驱动，通过各种方法，激发基层的动力。大规模的机械化作业在一定程度上可以改善中国现有农村土地所有制度，使得农业朝集约化、规模化发展成为可能。也就是说在不改变土地所有制前提下，一条集约化、规模化耕种土地的农业发展道路将使更多的农民从土地中解放出来。我们要利用航空经济区的区位优势和未来新的发展，把农业机械化提升到领先水平，带动都市型农业发展，从而加快航空港综合经济试验区建设的速度。

第五章 美丽河南建设中的文化思考与人居环境探索

一、美丽河南建设中的文化思考

建设美丽河南,是河南省委、省政府贯彻落实党的十八大精神的关键举措,是河南建设生态文明的重要目标。建设美丽河南,应当将传统文化智慧与现代生态文明理念有机结合起来。传统文化蕴含着人同自然和谐共处的思想,阐释了与现代生态理念相符的生态智慧。正是这种智慧,指导着中华民族五千年来在不断开发自然、保护自然中繁衍生息,使得文明传承经久不衰。探讨如何继承和发扬河南传统文化的精华,充分挖掘河南文化深层的生态智慧,对于丰富建设美丽河南生态文明的思想,具有重要的理论价值和现实意义。

(一) 文化建设与美丽河南

生态是人类和非人类生命共同生存的自然环境,而文化则是人类长期创造、传承、演进、完善的产物,只要地球上有人类,生态就自然而然地拥有文化因素,二者结合便构成了生态文化。在不同的时代、不同的生态环境中,不同的族群形成了丰富多彩的生态文化。在中原这片土地上,中原人创造并传承的中原文化是中华文明的起源文化,是农业文明中的典范。

1.文化中的生态理念

第一,众多文化流派的思想内核中都有与生态文明理念契合的地方。如儒家以人伦社会关系阐释天人关系,建立了以"仁"为核心、人与自然天人和合的理论体系,讲求"仁民爱物""成己成物"。道家提倡"道法自然",追求人与自然的和谐统一。佛教主张"万物一体",承认"众生平等",一切生命都是自然界的有机组成部分,都值得尊重。

第二,鼓励对生态环境和自然资源进行有效管理。无论是上古舜设"虞",周代设"山、川、林、泽四虞",秦汉设"少府",三国设"虞官",还是唐宋明清设"虞衡司"或"虞部",历代统治者对于环境资源的管理都十分重视。据《逸周书·大聚解第四十》记载:"禹之禁,春三月,山林不登斧,以成草木之长。夏三月,川泽不入网罟,以成鱼鳖之长。"从大禹发布的这条春季"山禁"、夏季"休渔"的命令来看,保护生态环境的理念在上古时代就已经相当清晰。

第三,强调"天人一体"的同时还重视"天人相分"。即鼓励在顺天的基础上掌握自然规律,因势利导,造福人类,"裁成天地之道,辅相天地之宜"。在中原文明8000年的农业发展历程中,创造了许多符合生态规律的科学耕作制度,如农闲时兴修水利、秸秆杂草粪便堆肥还田等。

2.文化对生态的作用

文化对于生态的作用主要体现在它的教化功能上,中原文化积累的大量关于人同自然和谐共处的经验及智慧为河南生态文明建设提供了宝贵的资源。

第一,文化中的生态理念有助于人们形成健全的生态思维。如中原文化中蕴含的生态理念,促成了"天人合一"生态思维的形成,这种思维模式能够促使人们清楚并理解只有长期保持与自然界和谐共处的关系,才能持久而健康地生存。

第二,尊重生命的道德价值观有利于完善当代生态伦理。如中原文化中尊重一切生命、爱护天地万物、善待环境的生态道德价值观对人们的行为产生了深远的影响,使人们产生尊重和保护生物的情感动力,为生态伦理学提供了"情理"支持。

第三,传统文化蕴含的农业生产实践经验能促使人们形成保护生态的良好自觉。只有养成自觉保护生态环境的习惯,自觉遵守环境法规,才能提升人民群众参与生态建设的能力,在新形势下更好地发扬保护生态的实践传统。

3.文化建设对于美丽河南的意义

生态文明与美丽河南紧密相连,建设美丽河南关键是要顺应生态文明理念,通过生态、政治、文化、经济、社会建设,达到生态良好、政治和谐、经济繁荣、人民幸福之目的。文化是美丽河南的重要因子,建设美丽河南,山要绿起来,人要富起来,文化美起来。要充分展示河南人文神韵的丰富文化内容,穿越中原大地的时间和空间经纬度,追寻中原文明传承自然地理、文化历史的故事,展现中原文明的行进轨迹,在国际化的视野下,表现中原文明的独特景观、风俗、娱乐、审美和思辨,展示河南的灿烂文化遗产。在世界范围内更好地展示河南最精华的民族瑰宝,为世界展示一个最美丽的河南。

(二) 河南文化建设现状

改革开放以来,随着中原崛起,中原文化增添了新活力和新动力,绽放生机,焕发动人魅力,影响力逐渐扩大,河南已是全国文化大省之一。

1.文化建设环境显著改善

第一,深化文化体制改革。《河南省深化文化体制改革实施方案》的出台,初步建立了促进文化大繁荣大发展的科学管理体制和积极鼓励人才创新的运行机制。

第二,建设文化的理念普遍增强。各级政府将文化建设摆上更加重要的位置,加强了对文化建设的组织领导;社会力量投资文化建设的积极性进一步激发,实现由政府投入为主向多方力量共同投入的多元化格局转变;人民群众参与文化建设的意识普遍增强,更加积极主动地参与文化传承发展,形成了上下齐心推动河南文化建设的良好发展氛围。

2.文化产业蓬勃发展

第一,打造了一批具有自主知识产权的特色知名文化品牌,如以黄河文化、中原文化为核心的众多文化品牌。

第二,扶持了一批文化产业龙头企业。建设了河南日报报业集团、郑州华强文化科技有限公司、开封清明上河园股份有限公司、河南大宋官窑瓷业有限公司等重点文化企业。

第三，兴建了一批文化产业园。高标准建设了开封宋都古城文化产业园、许昌钧瓷文化创意产业园、镇平县玉文化产业园等重点文化产业园区。

第四，建成了报业产业基地、影视产业基地、出版产业基地、娱乐产业基地等一批有实力、有影响的产业基地。

3.文化遗产保护工作扎实推进

充分利用好全省3万多处文物资源，通过市场化运作，做好文化遗产的保护、开发和利用工作。河南现有博物馆246个，全国重点文物保护单位358处；建立了非物质文化遗产保护名录体系，入选国家级非物质文化遗产名录113个。洛阳的龙门石窟、安阳的殷墟、登封的"天地之中"历史建筑群等成为世界文化遗产。河南博物院《殷墟珍宝展》等9个陈列展览曾获得特别奖、优秀陈列奖、最佳内容奖、最佳综合效益奖等多个奖项。

4.文化精品工程持续涌现

豫剧《香魂女》等剧目连续三届获得中国艺术节最高奖——文华奖；舞剧《风中少林》等剧目连续三年获得国家舞台艺术精品工程"十大精品剧目"；戏曲艺术电影《村官李天成》、中国首部科幻少儿电视系列剧《快乐星球》等荣获中国"五个一工程"第十届优秀作品奖；大型实景演出《大宋东京梦华》《禅宗少林音乐大典》等成为文化旅游知名品牌；白云山景区的民俗风情展示、清明上河园的宋朝历史文化演绎，丰富了河南文化旅游内涵，增加了当地经济收益，也宣传了中原文化。黄帝故里拜祖大典的巨大成功，打响了黄帝文化品牌，在海内外弘扬了中华民族根亲传统。近年来，河南省每年都开展涉外文化交流百余项，涉及五大洲和台港澳10余个国家和地区，中原文化品牌正逐渐走出河南，走向全国，走向世界。

二、充分发挥文化在美丽河南建设中的作用

建设美丽河南，需要开发河南文化、发展河南文化、创新河南文化，

要把河南丰富的文化资源变为强大的文化力量，打造河南人文之美、城市之美、生态之美，推动文化产业繁荣发展，推进公共文化服务体系建设。

（一）让文化遗产焕发活力，打造河南人文之美

人文之美是美丽河南建设的应有之义，我们应充分发挥河南文化遗产丰厚的先天优势，打造河南人文之美。河南是中华文明发祥地，地面上下遗留了3万多处多种类别的历史文化遗产。应充分利用好这批宝贵的文化财富，标识出河南文化特质，大力发展创意文化遗产业态。如开发复原郑州商城、明清旧城故景，将传统盛景用现代艺术重新展现，重点恢复开元寺、关帝庙、子产祠、夕阳楼等文物景点，重现古都古韵；统筹河南省内大运河途经地市相关文化遗产，打造大运河沿线人文旅游经济带。

（二）弘扬中原文化精髓，凸显河南城市之美

城市是历史文化的特殊载体，也是美丽河南建设的主要载体，要将城市文化建设与美丽河南建设有机结合起来。河南众多城市都具有悠久的中原文化传承，每一个城市都是中原文化片段的累积。在美丽河南建设中，要弘扬中原文化精髓，结合各地实际，借助独有文化打造城市名片，在城市规划、设计、建筑的文化品位提升上做文章，提高城市魅力和知名度，凸显城市之美。如新郑——黄帝故里；洛阳——千年帝都·牡丹花城；开封——菊香水韵·大宋皇城；安阳——文字之都；焦作——太极圣地；许昌——曹魏故都；周口——老子故里等。

（三）赋予生态文化之韵，重塑河南生态之美

建设美丽河南要实现生态良好，呈现生态之美，而生态之美不仅仅是环境的改善，还要发挥文化的宣讲、教化作用，通过对生态环境进行文化再造，将文化理念融入生态文明建设中，塑造生态文化之美，从而提高人们对生态文明的重视和关注。如对黄河、淮河、洛河、沁河、丹河等水系资源，通过诗词、歌赋、绘画、书法、雕塑等方式增添文化基因，打造河南水系文化精品；将嵩山与佛道儒宗教文化、奇特地质科学文化、少林武

术文化等有机结合,打造天地之中、万山之祖、中华文化圣山、世界功夫之都旅游胜地;将神农山与神农传说相结合,打造一系列神农文化旅游精品。

(四)建设华夏文明传承创新区,推动文化产业繁荣发展

经济繁荣是美丽河南建设的重要基础,大力发展文化产业则是促进经济繁荣的重要手段。河南应该厘清思路,找到突破口,加快华夏文明传承创新区建设,促进文化产业大发展大繁荣。

第一,搭建平台。政府、学界、企业间建立共通共融的平台,加强资源要素的交换流动,共聚推动文化产业发展合力。

第二,整合相关资源。如建设黄河文化带,应整合三门峡、济源、洛阳、郑州、新乡、开封、濮阳的资源。

第三,注重科技创新。随着文化产业进入互联网+时代,要充分利用电脑、手机等移动多媒体工具载体,着力打造文化产业与互联网相融合的产业发展新形态。

(五)深化文化体制机制改革,推进公共文化服务体系建设

政治和谐、人民幸福是美丽河南建设的落脚点,实现政治和谐就要深化文化体制机制改革,实现人民幸福就要让文化建设真正惠及人民。河南应加快建立现代公共文化服务体系新机制,完善提升公共文化服务平台建设,形成多层次、多维度、多元化共建格局。推动"点""线"的局部建设向"网""面"的整体突破转变,以争创国家公共文化服务体系示范区为契机,集中解决长期制约我省公共文化服务体系建设的突出矛盾和问题。

三、美丽河南建设中的人居环境面临的严峻形势

(一)城镇快速发展加重了环境污染

当人口高速向城镇大规模聚集时,将增加"三废"排放和噪声污染,

降低环境自我恢复能力，增加城镇的环境压力。

一是加剧了水体污染。由于人口向城镇迅速集聚和工业的迅速发展，城镇生活和工业污水排放剧增，城市水环境遭到严重污染。截至2017年底，河南省设市城市生活垃圾处理率达到了98.74%，县城生活垃圾处理率达到了87%。但仍然存在垃圾处理能力不足、处理设施运行效率低下等问题。

二是加重了大气污染。随着城镇人口迅速膨胀、非农产业迅速发展，城镇中工业与生活废气（包括二氧化硫、烟尘、粉尘等）排放量明显增加，导致大气污染加重。其中，工业废气的排放是大气污染的主要原因。有学者研究数据表明："城镇化率每上升一个百分点，会导致工业废气排放增加超过一个百分点。"

三是固体废弃物（固废）污染。高速城镇化会使工业与生活固废，如生活垃圾、工业固体废物和危险废物、建筑废料及弃土等排放量剧增。

四是城市噪声污染。随着城镇发展加快，噪声已成为城镇发展中的一大公害，严重影响人们的生活健康。城镇噪声主要来源于机动车辆和建筑工地。除了以上环境问题外，还有一些问题也值得注意，如城镇绿地覆盖率低、城市热岛效应严重等环境问题。由于城市快速发展，自然环境被大量开发利用，自然环境中的植被被不断地砍伐、清除，代之以稠密的人口、建筑物，城市绿地的环境功能正在逐步丧失。

另外，不少城市没有通风廊道，热岛效应严重。大多数城市在建设中缺少总体规划，没有从城市整体的角度充分考虑空气的流动性、散热性，缺乏城市通风廊道，空气流动缓慢，污染的气体不能及时排掉，热量散发缓慢，造成热岛效应。

（二）城镇快速发展增加了农村环境污染

一是污染企业向农村转移。在高速城镇化过程中，城镇土地日益稀缺，价格迅速上升，"生态门槛"也不断提高，大量污染企业为降低生产成本向郊区或农村迁移。因为排污收费与处罚费用低、污染受害人司法维权难、地方保护主义多、农村环保少受重视等原因，污染企业迁移到农村后治污设施投资较少，排放的"三废"，大大增加了农村水、土壤与大气环境的污染。

二是污染物向农村转移与扩散。高速城镇化使城镇生态系统不堪重负，为缓解自身生态压力，不少城镇把污染物向农村转移与扩散。大量未经处理或虽经处理但不达标的工业废水与生活污水排入江河，引起农业灌溉用水和农村居民饮用水恶化。城镇生活垃圾和工业废弃物在郊外或农村堆放或填埋，逐渐污染周围农村的水、土壤与大气环境。如媒体集中报道过的位于开封县境内的开封市填埋场，垃圾堆放量已达四五百万吨，且防渗处置设施和废气处置设施不完善，严重危害地下水和大气质量。

（三）城镇基础设施建设影响了生态环境

高速城镇化伴随着大规模的交通、供排水、供热、供气、防洪、园林绿化等基础设施建设，这些基础设施建设和使用对生态环境有利有弊，其中不利影响尤其应引起重视。

一是基础设施建设过程中会产生大量生活污水、生产废水，增加污水排放量。除园林绿化、环境卫生外的大部分基础设施建成后会导致城市硬化地面增加，容易引起城镇内涝和地下水补充不足。

二是园林绿化、环境卫生之外的基础设施建设会破坏原有植被，减少植被覆盖率，且基础设施建成后造成大面积硬化，减少雨水渗透，使植被的生长环境恶化。

三是基础设施建设过程中会产生大量的烟尘以及二氧化硫、二氧化碳等气体，增加大气污染或者温室效应。

四、新时期建设美丽河南的主要任务

（一）河南省建设美丽城乡的主要任务

首先，加快环境基础设施建设。污水、垃圾处理等环境基础设施建设要与发展同步进行。加快完善城镇污水处理系统，以城镇新区、产业集聚区、城乡一体化示范区为重点，加快污水管网建设，推进雨污分流改造。对现有城镇污水处理设施因地制宜实施提标改造，强化脱氮除磷设施同步提标改造，有条件的，配套建设湿地生态处理系统。到2020年，省辖市、省直管县(市)、其他县(市、区)污水处理率分别达到95%、88%、85%左右。大力推进城镇污水再生利用，加强城镇污水处理厂污泥处理处置。到2020年，省辖市城市再生水利用率达到30%以上，污泥无害化处置率达到90%以上，省直管县(市)污泥无害化处置率达到85%以上。实现城镇垃圾处理全覆盖和处置设施稳定运行。加快县城垃圾处理设施建设，实现城镇垃圾处理设施全覆盖，加强垃圾处理设施改造，提高城市生活垃圾处理减量化、资源化和无害化水平。到2020年，设市城市、县城、建制镇生活垃圾无害化处理率分别达到100%、90%、70%，90%以上村庄的生活垃圾得到有效治理。重点推动以化工、印染、冶炼等为主导产业的产业集聚区建设废水处理设施，实现污染物集中治理。培育一批环境友好型示范产业集聚区。

第二，以遏制灰霾天气和光化学污染为重点，实施城市清洁空气行动。深化工业大气污染防治，加大重点行业落后产能淘汰力度，有效控制煤炭消费总量，全面推进清洁生产和工业废气二氧化硫治理，加快工业氮氧化物治理步伐，严格工业烟气颗粒物排放要求，推进产业集聚区工业大气污染防治。有效遏制城市大气污染，全面开展城市建成区燃煤锅炉拆除改造工作，扩大城市高污染燃料禁燃区范围，全面加强饮食服务业大气污染治理，强化施工扬尘和堆场管理，有效遏制道路交通扬尘，加快推进油气回收治理，加强机动车污染防治。2020年与2015年相比全省细颗粒物年均浓度下降幅度达到28%以上，可吸入颗粒物年均浓度下降幅度达到30%左右，优良天数提高30%以上，重污染天数下降30%以上。

第三，提高美丽城镇建设的信息化水平。加强新发展区域环境质量监测和预警网络建设，优化环境质量监测点位布局；加强应用卫星遥感和地面监测相结合的生态环境监测监控能力建设。逐步完善污染源自动监控网络，实现重点污染企业在线监控；加强对涉重金属和危险废物污染企业以及放射源的监测监控，推进国际履约受控物质监测监管。加强移动执法系统和信息平台建设,提高机动环境执法能力。逐步建立天地一体化的环境监测网络和预警应急监测体系,形成完善的智慧环保预警监控网。

第四,综合施策,全面治理环境突出问题。优先保护饮用水源地,加大城区河段环境综合整治。加强对空气污染成因的分析和对策研究,制定切实可行的预防和治理措施。开展大气污染联防联控联治,推动电力、钢铁、水泥等行业脱硫脱硝设施建设。加强城市公共交通建设,全面推行机动车环保标志管理,加大城市扬尘污染和机动车尾气污染监测治理力度,逐步改善空气环境质量。加强社会生活、建筑施工和道路交通噪声监管,妥善解决噪声扰民问题。开展重污染工业企业搬迁地块土壤环境调查和风险评估工作。

第五,完善环境应急防范体系,建立健全统一指挥、分级负责、部门协作的全过程管理防控体系。加强工业危险废物、电子垃圾及医疗废物无害化处置,持续开展环境风险源高于调查和污染隐患排查整治。强化辐射安全规范化管理,实现辐射事故零发生。开展重金属、危险废弃物污染治理。加大环境安全监管力度,提高应急处置能力,建立健全应急预案,确保不发生重大环境污染事件。

第六,大力开展生态环境保护的宣传工作,提高生态环境保护意识。建立与完善为生态环境保护服务的信息平台,为生态环境保护的各个参与方提供相关技术信息、循环及生态经济发展经验、废旧物资物流信息等。综合运用财税政策、投资政策、信贷政策、价格政策等手段影响和规范企业行为,加强企业的生态环保意识。倡导生态价值观和绿色消费观,普及生态环保知识,形成社会共识和舆论氛围。提高全体民众的环境意识,积极加强公众参与,让公众更加了解环境法律的要求和自己所应承担的环境责任和义务,自觉维护应取得的环境权益。

(二) 河南省保护美丽自然的主要任务

依托城区河流、干渠、道路,结合水源地、湿地分布和生态隔离带建设合理布局城市生态网络,推动绿化建设由平面绿化向立体绿化转变,扩大垂直绿化和立体绿化,提高绿地覆盖率和人均绿地面积,增强生态系统的自我调节能力。积极推进桐柏大别山生态区、伏牛山生态区、太行山生态区、平原生态涵养区建设,构建黄河滩区生态涵养带、南水北调中线生态走廊、沿淮生态走廊,尽快形成"四区三带"的区域生态格局。

五、新时期建设美丽河南所要采取的政策措施

(一) 科学制定环境功能区划、环境保护规划和美丽规划

首先,基于区域主体功能区划的思想,开展环境功能区划工作,科学划定各级各类自然生态保留区、生态功能保育区、食物环境安全保障区、聚居环境维护区和资源开发环境引导区,明确生态红线,为构建科学合理的规划格局、农业发展格局、生态安全格局奠定基础。

其次,综合经济发展和环境保护要求,科学确立按层次分类的发展环境战略,指导全省经济建设和环境协调发展。按照新的发展环境战略,制定不同类别发展环境目标规划,确保建设与环境保护同步行动,达到经济效益、社会效益和环境效益的统一。在建设和发展中,坚持规划先行的原则,把环境规划作为发展的重要依据,防止在发展中产生新的环境污染和生态破坏。

(二) 通过经济的、法律的、行政的手段实施美丽河南建设

各级政府要不断创新环境管理工作机制。综合运用法律、经济、技术和必要的行政办法解决环境问题,不断创新环境管理机制,提升环境管理水平。积极推进排污权交易,成立河南省排污权交易中心和中部地区碳排放交易中心,建立交易综合信息平台,逐步实行排污权有偿使用;完善生态补偿机制,加大对生态补偿的财政投入,提高重要生态功能区生态补偿均衡性财政转移支付。加快推进"河南省环境保护条例""河南省辐射污染防治条例"等地方法规出台,进一步强化各级政府的责任,强化企业责任,突出监管责任。对环境违法案件加大执法力度,通过必要的行政手段解决突出的区域性环境问题。

各级政府通过市场化措施拓展生态环保建设投融资渠道。在推进过程中，不断增加对环境保护的财政投入，对废物资源化利用、生态保护、重点区域流域整治等社会公益性项目给予政策引导和优惠扶持。坚持以计划和市场相结合的手段，建立多元化的投融资机制，鼓励社会资金转向环保建设领域。积极申请国家专项环境保护基金，通过BOT（建设、经营、转让一体化）等多种渠道，有效聚集新建环保建设资金。充分考虑当地规划发展目标和经济发展水平，因地制宜地建设污水和垃圾处理工程。污水和垃圾处理可采取整体设计、分期实施、先低级处理后高级处理的方式，集中与分散相结合，有条件的毗邻走联合投资建设、集中处理的路子，以实现投资省、运行费用低、稳定达标的目的。

（三）调整政绩考核标准、完善目标考核机制

在对地方政府及其负责人考核过程中，要加入绿色发展、环境保护方面的指标和内容，将环保成绩纳入地方发展考核体系，让美丽河南建设做得好的地区享受相当荣誉、得到相当奖励，形成百舸争流建设美丽河南的生动局面。

建立和健全政府负责、部门齐抓共管、环保统一监督、企业治理、公众参与的环保工作机制和考核机制。将生态环境保护考核纳入各级政府和部门的考核目标。通过对城市环境的考核，以及对各级环境工作的评价，从而促进环境保护的进程，加强环境保护的力度。

（四）加大对地方政府和企业违反美丽河南建设规划的监督

严格环境规划执法监督，认真解决环境管理中有法不依、执法不严、违法不究的问题，强化管理监督，使环境保护和建设符合依法治国的国策。